배우 김성녀의
마음을 전하는
선물 손뜨개

배우 김성녀의
마음을 전하는
선물 손뜨개

김성녀 지음

스타일북스
STYLE BOOKS

소중한 나를 위한 선물입니다.
소중한 사람들을 위한 선물이자
매일 뜨개질을 합니다.

처음 뜨개질을 시작한 것은 스무 살 무렵.
참으로 어린 나이었고 당시의 제게 있어 손뜨개란 재미가 아닌,
생계를 꾸려나가고자 배우게 된 단순한 기술이었습니다.
그로부터 수십 년이 지난 2010년. 예순의 나이를 맞이하던 해의
이맘 때 첫 번째 손뜨개 책을 출간했습니다.
바쁘기는 해도 삶을 즐기는 여유가 생겼고, 어느덧 순수한 취미로
자리잡은 제 뜨개 인생을 기념하고 싶었기 때문입니다.
그런데 첫 책은 사실 뜨개질하는 독자들의 호기심을
자극할 만한 작품 선정에 큰 의미를 담지는 않았습니다.
자전적인 성격이 컸던 만큼 '배우 김성녀'의 인생사와
한 땀 한 땀 손으로 떠서 만든, 뜨개 옷에 얽힌 사연에 집중했습니다.

이번 책은 예전과는 다른 방향성을 지니고 싶었습니다.
작품과 함께 뜨개질하면서 느끼는 '누군가를 향한 따스한 마음'을
독자분들과 공유하면 참 좋겠다는 생각이 들었죠.
무려 일년이 넘는 작업 시간을 거쳤는데, 제게 있어 뜨개질은
인연 맺은 모든 이를 위한 선물의 의미다 보니 한 달 한 달의 사연이
모여 자연스럽게 한 권의 책이 완성되었습니다.
아마 같은 취미를 가진 분들은 동감하겠지만
손뜨개란 대상이 나든 남이든, 항상 누군가에게
선물하고 싶은 기분이 들기 마련입니다. 그래서 한번
매력에 빠지면 일년 내내 실과 바늘을 놓을 수 없게 됩니다.

선물 손뜨개.
이번 책 역시 출판사의 제안으로 시작되었지만
어떤 아이템을 소개할지 작품 선정부터 많은 고민을 해봤습니다.
손수 뜬 옷을 바라보며 느끼는 나만의 특별한 보람.
화려한 디테일이 들어 있진 않아도 좋아하는 색감 하나만으로
감동하는 가족들. 그리고 선물이라는 의미에 진심으로 기뻐하고
오래오래 즐겁게 입어주는 소중한 지인들.
이들을 위한 뜨개 옷을 담고자 한 만큼, 모든 작품은 단순히 트렌드만
적극 반영하기보다 입었을 때 니트 특유의 멋이 잘 사는
실용적인 면을 충분히 고려해 디자인했습니다.

한편으로 옷과 소품은 제 자신을 격려하기 위한 선물이기도
합니다. 그런 만큼 실제 제가 옷 입는 취향도 많이 반영되었습니다.
베이식하고 소박한 기본 아이템, 부해 보이지 않고 적절히
체형을 커버하거나 장점을 드러낼 수 있는 기능적인 아이템이
많은 이유도 그 때문입니다. 이런 옷들은 제 연령대 분이 입어도,
젊은 여성이 입어도 두루 잘 어울리기 마련이지요.
이를 책을 보는 모든 분들이 직접 느낄 수 있도록, 작품 촬영을 할 때도
저와 어린 조카가 같은 옷을 서로 다른 스타일로 매칭해 입어보았습니다.
대비되는 느낌을 눈으로 직접 확인한다면 누구에게 어떤 옷을 떠줄지,
디자인 선택의 과정도 훨씬 수월해질 거라 생각합니다.

2014년 겨울, 김 성 녀

contents.

Pullover & Vest
풀오버 · 베스트

Cardigan & Jacket

카디건 · 재킷 · 코트

*Basic Skills

Fashion Goods

목도리 · 모자 · 워머 · 양말

*How to Make

풀오버 · 베스트

Pullover & Vest

벌룬 소매 블랙 풀오버

Making 134page

가장 실용도 높은 기본 아이템, 블랙 풀오버.

워낙 오런 세월 뜨개질을 해왔고, 이렇게 만든 대부분의 옷과 소품은 사랑하고 고마운 사람들에게 선물하는 일이 부지기수다. 그런데 개인적으로도 니트를 무척 좋아하는지라 사실 나를 위한 옷 또한 꽤 많이 뜨는 편이다. 그 중 가장 기본이 되는 것을 꼽자면 역시 블랙 아이템. 니트는 소재감 자체로 푸근함과 자연미를 선사하지만 아무래도 자신의 체형보다 부해 보이는 느낌을 주는 것 또한 무시할 수 없는 부분이기 때문이다. 그래서 내가 입을 옷도, 선물하는 옷을 뜰 때도 가장 먼저 생각하는 점이 바로 '최대한 날씬하고 세련되어 보이게'이다. 대신 라인이나 실의 소재에 적절한 변형을 주는 방법으로 개성적인 디자인을 살린다. 젊은층만 소화해낼 듯한 칠부 벌룬 소매 역시 블랙이라면 입는 연령대의 폭이 한층 넓어질 수 있다. 세 가지 종류의 블랙 실을 매칭해 완성한 이 풀오버는 작년 겨울, 연말연시의 다양한 모임자리를 고려해 조금은 독특하고 화려하게 떠본 작품이다.

모헤어사는 머리카락처럼 얇은 실에 잔털이 달려 있는 소재로 가장 일반적인 모사와 함께 사용하면
마치 앙고라사 같은 느낌을 낼 수 있는 것이 특징이다. 또 아름다움과 함께 기능적인 장점도 지녔다. 모사만 이용해 뜬 니트에 비해 보온성이
훨씬 뛰어나고 마찰에도 강해 보풀이 잘 생기지 않는다는 것. 나 역시 겨울 아우터를 뜰 때 종종 모사와 모헤어사를 섞어 뜨곤 하는데,
단지 처음에 털 빠짐이 조금 생긴다는 점은 감안해야 할 부분이다.

블랙 망사 레이스 풀오버

스커트와 함께 입어도, 보이시하게 데님과 야상을 매치해도 두루 잘 어울리는 기본 풀오버. 스팽글이 달린 털실과
망사 레이스 장식을 이용해 젊은층이 좋아하는 디자인으로 완성했다. 스팡쥬얼사는 모사의 중간 중간
반짝이는 스팽글이 달려 있는 유니크한 감각의 털실이다. 실 자체가 개성적인 만큼 특별한 무늬 없이 메리야스뜨기로만 떠도 시크하고
트렌디한 멋을 낼 수 있는 참 매력적인 소재다. 내 경우에는 젊은 친구들을 위해 옷이나 숄을 떠서 선물할 때 애용한다.

Making 136page

03
꽈배기 문양 터들넥 풀오버
Making 140page

조카 서연이는 뭘 입혀도 예쁘다.

뮤지컬 배우로 입지를 굳혀가는 조카 서연이에게 엄마와 같은 마음으로
무한한 응원과 조언을 담아 선물한 옷.
마른 체형이라 어떤 니트를 입어도 잘 어울리는 서연이가 언젠가
숍에서 60만 원 상당하는 니트를 보고 온 뒤 며칠 내내 살까말까 심각하게
고민을 하고 있었다. 아무래도 요즘 아이니까 취향에 맞는 옷 하나 선택하는 것도
구입하는 것도 까다롭고 애착이 크기 마련이다. 어디 한 번 보자 하고
디자인을 살펴보니, 똑같지는 않더라도 비슷하게는 가능할 것 같아서
옷 하나 선물할 겸 바로 뜨기 시작했다.

몸에 착 달라붙어 라인을 제대로 살리는 디자인이 관건인 블랙 풀오버.
형태를 그대로 유지하려면 시작 단계부터가 중요하다. 편하게 입는 옷이야 상관 없겠지만
피트한 스타일이라면 그만큼 콧수 또한 정확해야 하기 때문이다. 게다가 늘어나는 것을 대비하고
빨았을 때의 변형 역시 고려해야 하니, 그 어느 때보다 정성껏 세탁하고 다림질까지 해서
게이지를 낸 다음 전체적으로 꽈배기 문양을 넣어 완성했다.

기성 패션니트 역시 결국은 실에 드는 비용과 뜨는 이의 공임 그리고
브랜드 가치가 더해져 가격이 정해지기 마련일 테다. 그런데 직접 떠서 선물하는 옷은
비록 공임과 브랜드 가치를 따질 일은 없다고 해도, 정성 그 자체가 돈 주고도 못 사는
특별한 가치를 지닌다. 이것이 우리가 흔히 말하는 '퀄리티'라는 것의 정수가 되어준다.
60만 원짜리 풀오버를 사준 것은 아니지만 스스로 그 두 배 이상의 가치를 지닌
선물이라고 생각했다. 물론 서연이도 무척 흡족해서 이 또한 고마웠고.
이번 가을부터 열심히 입고 다니는 조카를 보면서 속으로
한 마디 남겼다. '비싼 기성 니트에 대한 승리!'라고.

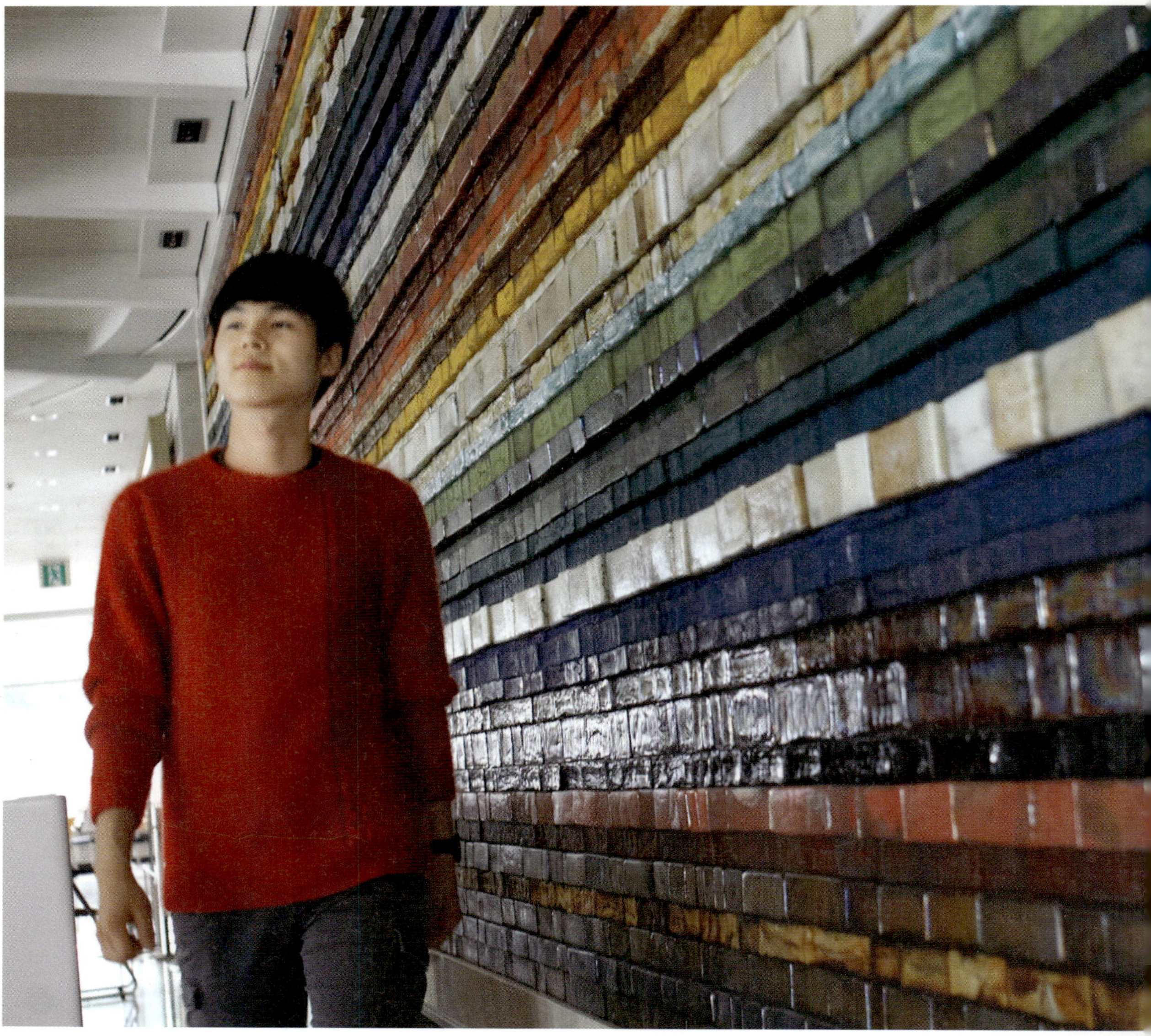

04

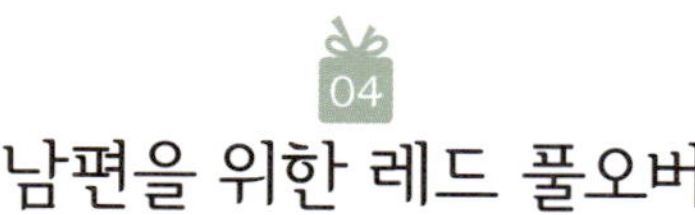

남편을 위한 레드 풀오버

Making 144page

유독 추위를 심하게 타는 내 남편.

국립극단 예술감독이면서 평소에 과묵하기 그지 없기로 유명한 그이도
겨울이면 아내가 떠주는 옷이 세상에서 제일 따뜻하다며
꼭 부탁을 하곤 한다. 가장 좋아하는 옷은 역시 풀오버와 베스트.
안팎으로 또 다른 옷을 껴입을 수가 있기 때문이기도 하다.
그런가 하면 빨간색을 무척이나 좋아해서
항상 빨간 양말만 신는 독특한 취향도 지녔다.

매년 가을이 시작되는 무렵이면 남편을 위한 옷을 2~3벌은 뜨게 되는데,
사실 그동안 상의를 온전히 빨간색 실로 만든 적은 없었다. 그런데 이번
책 작업을 하면서 처음으로 빨간색 실만 사용해 남편 풀오버를 떠보았다.

다양한 기본 색감을 과감하게 이용하고자 했던 책 콘셉트에도 맞추고
그러면서 이왕이면 그이가 좋아하는 색으로 올해 선물을
완성하고 싶기도 했다. 그 연세에 빨간색을 즐겨 입는 것만으로도
독특하시다고 생각하며 만들었는데, 역시나 남편 반응은 꽤 좋았다.
단지… 언제나 그렇듯이 촬영은 절대 사양하신단다.
선물도 드린 김에 한 컷만 등장해달라고 부탁했음에도 말이다.
결국 옷의 이미지 촬영은 국립창극단의 어린 제자가 대신했다.

빨간 풀오버를 완성한지 얼마 안 됐는데
이번엔 겨울 재킷을 만들어 달라고 하신다.
빨간 문양을 넣고 안감까지 제대르 갖춘
네이비 재킷을 떠서 선물했더니 매우
만족스러워하면서 요즘 가장 즐겨 입으신다.

08
오렌지 컬러 그러데이션 후드 베스트

색감 고운 그러데이션 실을 만나면 무엇이든 떠보고 싶은 의욕이 생긴다. 디자인이 아주 단순해도 완성했을 때의 느낌은
너무나 풍성해지니 말이다. 오렌지 컬러를 기조로 블루와 머스터드, 레드와 그레이까지 섞인 털실을
처음 봤을 때 떠보고자 했던 옷은 풀오버였다. 그런데 열심히 몸판까지 완성한 무렵 갑자기 생각이 바뀌었다.
어차피 코트 안에 입을 거면 굳이 소매를 달 필요가 있을까, 오히려 코트를 벗었을 때 색감 자체로
포인트를 주려면 좀 더 가볍게 만들면 좋지 않을까 하고. 결국 소매를 없애고 대신 후드를 달아 캐주얼한 감각을 살렸다.
디자인을 바꿨어도 역시 실 고유의 느낌은 도망가지 않는 법. 색감의 조화가 주는 즐거움이 가득한 작품이다.

Making 146page

06
캐시미어 베이지 풀오버

가벼운 느낌을 주는 밝은 베이지 톤의 풀오버는 레이어드 룩 스타일에도 잘 어울리는 아이템이다.
이 옷은 몽골에 가 있는 딸 지원이를 위해 뜬 것으로 활동성 좋은 A라인이면서도 여성스러움을 살린 디자인이 특징이다.
칼라가 있는 원피스와 레이어드 하는 것을 고려해 목둘레와 소매, 밑단을 여유 있게 만들면서 포인트 장식을 넣어보았다.

Making 148page

07

이니셜 덧수 장식 유아용 풀오버

Making ...... 150, 152 page

풀오버에 사용한 베이비울사는 이름 그대로 유아복에 사용하기 좋은, 피부 자극이 없도록 가공한 종류의 털실이다.

이번 책 작업을 시작하면서 새롭게 인연 맺은 뜨개 전문가 최 선생님의 두 공주님. 일년간 뜨개질하는 시간을 함께 보내면서

누구보다도 정이 든지라, 그녀가 세상에서 가장 사랑하는 두 딸아이에게도 옷을 선물하고 싶어졌다.

그리고 무엇보다도, 아이들 옷은 막상 떠놓고 보면 다른 어떤 작품과 비교할 수 없을 만큼 사랑스럽고 예쁘다.

최근 들어 뜨는 기쁨과 희열을 크게 느끼는 아이템도 바로 아이들 옷인 듯하다.

물론 사이즈가 작으니 뜨는 기간이 짧아서 부담 없는 것도 사실이거니와,

보는 누구나 '예뻐요~!'를 연발하니 기분도 좋다.

생각해보니 내 지인 대부분이 엄마, 할머니가 되었고…,

이제는 선물용으로 아이들 옷만 떠도 좋지 않을까 싶다.

앙고라사는 앙고라 산양의 털을 이용해 만든, 모피처럼 길고 솜털 같은 소재감이 특징인 실이다.
성분을 보면 토끼털이 40~80% 정도 함유되어 있기도 하다. 겨울 패션니트 중에서도 특히 여성미를 물씬 풍길 수 있는 종류인데,
한 가지 감수해야 할 점은 잔털 빠짐이 심하다는 것. 따라서 완성한 모양새가 포근하고 사랑스럽기는 해도
어린아이를 키우거나 피부가 예민한 사람을 위해서는 사용하지 않는 실이기도 하다.

선명한 색감은 기분을 유쾌하게 만든다.

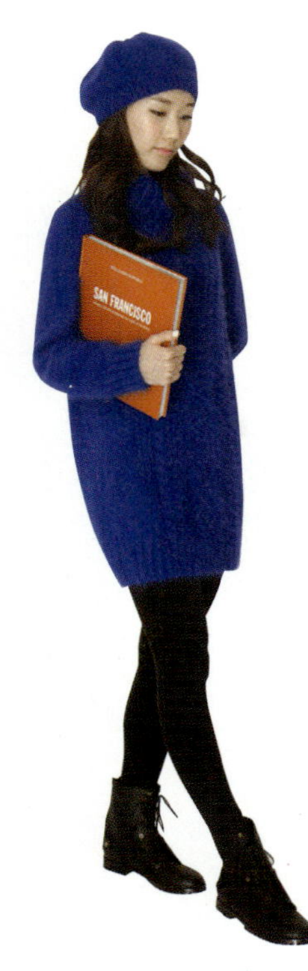

지난 봄 길을 지나다가 우연히 눈에 띈 고운 색감에 바로 구입한 파란
색 앙고라사. 이 실로는 꼭 내 옷을 떠야겠다고 다짐했었다. 그리고 이번
가을, 개성적인 문양으로 디테일을 살린 넉넉한 기장의 터틀넥 풀오버를
만들었다. 실의 특성상 털이 많이 빠져서 뜨는 내내 조금 고생스럽긴 했
지만, 완성해 입고 나니 역시나 20년은 젊어진 기분이 들었다.

입을 수록 드라마틱해지는 기분. 이는 나이가 든 나를 위한 선물이기도
한데, 다시금 해석해보자면 파란색은 내게 '젊음'이란 감성을 전해주는
색감인 듯도 하다. 사실 젊은 시절엔 톤을 낮춘 색감으로 멋을 내도 이
게 바로 조화로움의 공식이 되어준다. 그런데 나이가 들면 조금 달라지
기 마련이다. 같은 연령대의 다른 분들은 어떻게 생각하시는지 모르겠으
나, 내 경우엔 예쁜 색을 담은 옷을 입었을 때 엔돌핀이 솟는다. 상호보
완작용이라고나 할까.

원색은 본능적인 색이다. 그래서인지 나이를 먹을 수록 점점 더 원색의
아름다움을 찾는 순간이 많아진다. 그리고 이런 마음은 뜨개질에도 자
연스럽게 반영되어 간다. 남들은 너무 눈에 튀고 과감하다며 잘 사용하
지 않는 색. 하지만 나는 새빨간 털실로 남편과 아들 옷을 뜨고, 시원하
기 그지 없는 새파란 털실로 나를 위한 옷을 뜬다.

08
블루 앙고라 풀오버 & 베레모
Making 154page

뒤트임을 넣은 쇼트 베스트

피트감을 살린 쇼트 베스트. 젊은 제자들 선물로 자주 뜨는 아이템 중 하나로,
뒤쪽 중앙에 트임을 만들어서 활동성을 높인 디자인이 특징이다.

Making 143page

이번 여름 참 잘 입은 한 품.

디자인이 무척 단순하고, 그래서 사실은 별 기대 없이 떴던 여름 니트.
단지 필요에 의해 하나쯤 만들어봐야겠다는 의도는 확실했다.

여름에는 편안한 블랙 민소매 원피스를 자주 입는데 팔을 그대로 드러내자니
조금 무안하기도 하고, 무언가 걸치긴 해야겠는데 마땅한 옷이 없어서
간단하게 '소품' 개념의 니트를 떠보자 싶었던 것이다.

그런데 막상 만들고 보니 다른 어떤 옷들보다도 더 잘 입게 된다.
짧은 길이 덕에 허리가 더욱 잘록해 보이니 전체적으로 체형보정의 효과도
있는 데다가 실이 마 종류인 리넨 소재라 시원하기까지 하다.
그리고 블랙 이지 드레스 위에 쓱 걸치기만 하면 훌륭한 드레스룩 스타일로
탈바꿈할 수 있어서, 코사지를 달아 가벼운 장식만 곁들이면 모임 나갈 때의
차림새로도 제격이다. 여름용으로 떴지만 겨울 시즌인 요즘도
코트 속 이너웨어로 잘 활용하고 있다.
대단히 개성적인 디자인은 아니지만 올해의 스타일 연출에 단단히
한몫해준 '대성공' 아이템이다.

블랙 컬러 원피스를 베이식 아이템으로
즐겨 입는 만큼 레이어드를 할 때는 다소
강한 컬러를 포인트로 매칭하는 경우가 많다.
빨간색, 파란색 그리고 금색 등등,
같은 디자인을 다양한 색으로 여러 개 만들어
그날 기분에 따라 골라 입곤 한다.

레이어드 스타일 투톤 쇼트 탑

Making 158page

머스터드 컬러 서머 베스트

중간 중간 구멍을 낸 무늬뜨기를 이용해 메시 스타일로 연출한, 시원함이 느껴지는 여름 베스트.
얇은 면 소재의 슬리브리스 셔츠와 레이어드하는 것을 고려해 소맷단과 밑단은 1코 고무뜨기로 단정하게 마무리했다.
실크 혼용사 특유의 가벼운 광택이 캐주얼함을 더해주며,
소맷단은 위쪽이 트인 모양으로 만들어 포인트 장식 요소를 가미한 것도 특징이다.

Making 160page

자연빛 머금은 코바늘 그립백

봄여름 시즌이면 면 셔츠, 카디건 할 것 없이 어떤 옷과도 부담 없이 매칭해 들고 나가기 좋을 법한 기본 그립 백.
빳빳한 질감의 레이온사를 사용해 코바늘로 완성한 작품이다. 가방 몸통은 시원함이 느껴지는
복합사를 이용하고 입구 부분과 가죽 끈은 레드 컬러로 통일해 포인트를 주었다.

Making 162page

니트 코르사주

여유 시간이 많지 않을 때, 하지만 뭔가를 손수 만들어 선물하고 싶을 때 코르사주만한 아이템은 없을 것이다.
대신 작고 예쁜 박스에 담아 정성껏 포장하는 것이 래핑 스타일의 기본이다.

Making 167page

진핑크 풀오버

Making 164page

역시 옷 임자는 따로 있다.

처음 뜨개 된 사연은 이랬다. 조카 서연이가 어느 숍에서 보고
사진을 찍어 와서는 이런 니트 한 번 입어보고 싶다고 부탁을 했다.
문양이 많이 들어간 스타일이라서 다소 부해 보일 수도 있지만
서연이 정도로 마른 체형이라면 잘 어울릴 거라고 생각했다.
그런데 비슷한 디자인으로 열심히 완성했더니 이게 웬걸, 상황 반전.
비슷하기는 해도 조카가 생각했던 '발랄한' 색감이 아니었던 것이다.
그렇다고 내가 입을 수 있는 디자인도 아닌 상황.
부해 보이는 느낌이 싫은 것은 물론이고, 특히 이 옷처럼 문양이 많이 들어간
디자인의 경우에는 몸의 라인을 최대한 신경 써야 세련되어 보이기 때문이다.

새로운 선물 상대를 떠올려보니 바로 답이 나왔다.
일년 남짓 뜨개질 시간을 함께 한 최현정 선생님. 계산적인 인연이 아니어서
더욱 편하고 고마운 사람, 게다가 어떤 니트도 멋지게 소화할 수 있는
슬림한 몸매까지 갖췄으니 내 옷을 입어준다면 가장 고마울 터였다.

최 선생님은 인연 맺은 시간이 짧다면 짧지만 매주 한 번씩 만나
이런저런 수다 떨며 뜨개질하는 동안 소소한 일상 이야기까지
공유하는 사이가 된, 이른바 내 '어린 선생님'이자 뜨개질 파트너다.

두 번째 손뜨개 책 작업을 시작하던 무렵.
공연을 한 시간 앞두고 충무아트홀 분장실에서 잠시 만났을 때의 첫인상은
똑 부러지는 깍쟁이 같은 느낌이었다. 그런데 알면 알수록 정만 많은
맹탕이자 허당이고 이젠 그런 그녀가 귀여워서 가끔 머리까지 쓰다듬게 된다.
비록 한 번 옮겨간 셈이지만 복사꽃같이 고운 색감의
풀오버를 이번 기회에 하나 선물하려고 한다.

아, 그런데 아직은 비밀이다. 이번 책이 나오고 나면 예쁘게 포장해 전할 생각이다.
그래서 옷 모델은 역시 서연이가 대신했다.

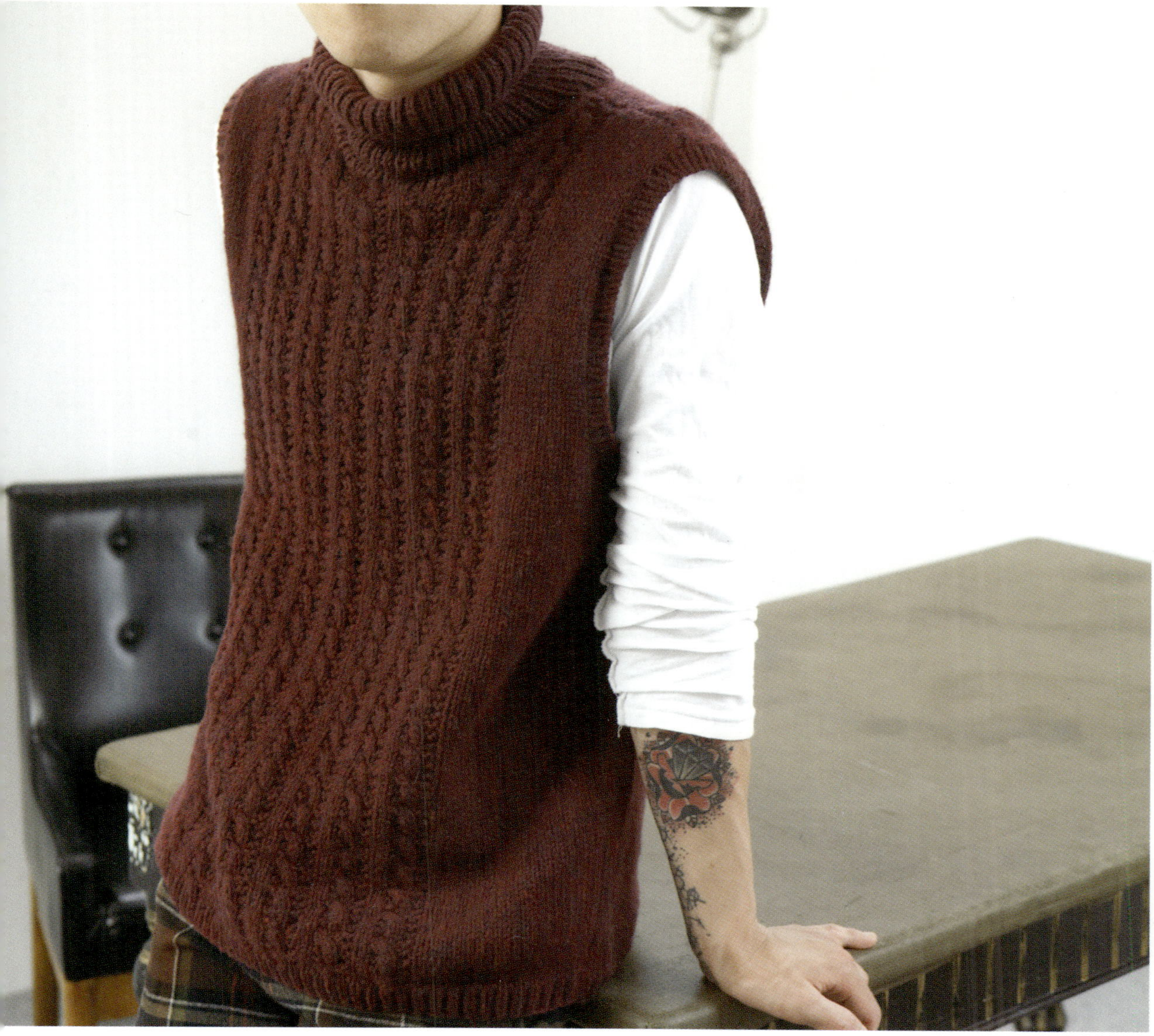

15

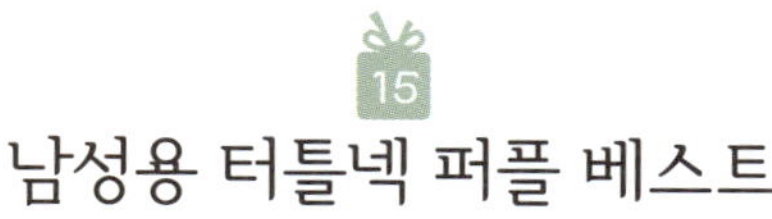

남성용 터틀넥 퍼플 베스트

Making 168page

남편을 위해 뜨기 시작했던 남성용 겨울 베스트. 그런데 이 옷 또한 우연찮은 사연을 담게 되었다.
여름 무렵 솔트라는 숍에서 니트 촬영을 했다.

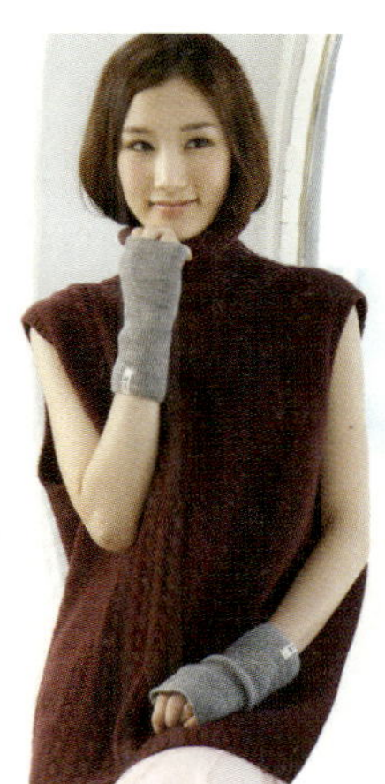

이곳에서 만난 젊은 친구, 솔트의 오너인 워터. 처음엔 매니저 정도의 인물이라고 생각했는데
스태프의 식사를 준비하는 순간 요리 장인의 포스가 확 느껴졌다.
어려 보이는 친구가 다양한 요리를 어찌나 신속하고 맛있게 차려내는지, 칭찬이 절로 나왔다.
게다가 촬영 내내 뜨개질에 대한 관심을 보이더니 이후로는
정말 뜨개질을 배우러 다니는 것이 아닌가(!). 젊음이 부럽고, 그 시간을 누구보다도
열심히 보내는 자세가 참 기특하기도 하고…. 이런 젊은이에게는
손수 뜬 니트를 직접 입혀서 계속 '니트 마니아'로 남을 수 있게 해야겠다는 생각이 문득 들었다.

코트를 걸치기 편한 베스트 그리고 목을 따뜻하게 해주는 터틀넥 스타일을 살린 디자인.
남자라면 누구나 좋아할 법한 이번 아이템은
결국 재미있는 인연을 맺게 된 워터에게 선물했다.

물론 그에게 무척 잘 어울렸음은 말할 것도 없고,
촬영 날 조카 서연이가 입어도 색다른 멋이 느껴져 만족스러웠다.

김성녀표 니트를 진정으로 아껴주는 멋진 남자!

극장장님은 똑 부러지고 능력 있는 데다가 귀여운 외모까지 겸비한

내 든든한 동료 중 한 분이다. 문화예술계에서 오랜 시간 잘 알고 지낸 사이인

한편으로 올해 나를 국립극장 예술감독으로 초빙해주신 분이기도 하다.

인연도 인연이겠거니와, 함께 일하게 된 뒤로는 곁에서 보기만 해도 야무지고

참 사람 좋다는 마음이 들어 올겨울엔 따뜻한 선물 하나 만들어드리고 싶다는 생각이 들었다.

확실하게 사이즈를 잰 것도 아니고 '이 정도면 적당하겠다' 정도의 눈썰미로 떠드렸는데

팔길이에서 총장까지, 희안하게도 완성된 옷은 '맞춤' 수준이었다. 그래서인지 몰라도 직접 뜬 니트를

선물했을 때의 반응 역시 가장 좋았고 본인 특유의 감각을 더해 스타일링까지 멋지게 해주셔서

나를 두 번 감동시켰다. 해외 출장 때에도 입고 가서서 옷자랑을 해주시니, 그야말로 홍보대사 격이다.

이러니 또 떠드리고 싶어질 수밖에. 날씨가 쌀쌀해진 요즘은

극장장님을 위한 두 번째 선물인 니트 재킷을 뜨는 중이다. 공들인 선물을

귀하게 여기고 소중히 다루는 마음을 지닌 이에게는 열 벌이라도 더 떠줄 수 있지 싶다.

그런 의미에서 극장장님께는 김성녀표 니트를 평생 떠드릴 용의가 있다.

남성용 그러데이션 칼라 풀오버

Making 170page

핑크 롱 후드 베스트

내가 입고 싶어서 디자인한 옷으로, 원래는 소매를 단 니트 원피스로 완성하는 것이 목표였다.
그런데 만들다 보니 점점 형태가 변해 갔다. 활동성을 고려해 밑단 옆 부분에 트임을 넣었고,
트임을 넣으니 속에는 원피스를 매칭하는 것이 더 예쁠 것 같았다.
결국 레이어드 아이템으로 바뀌면서 소매를 달지 않은 원피스 스타일 베스트로 마무리했다.
베이식한 모노톤의 롱코트와 함께 입어도 썩 잘 어울린다.

Making 172page

카키 퍼 쇼트 베스트

창극단에서 올해 정말 많은 수고를 해준 젊은 단원을 위해 뜬 생일 선물.
퍼 소재의 실은 거의 사용해본 적이 없지만, 연령대에 맞는 디자인을 고려하다 보니 이번 기회에 카키색 래빗퍼사로 트렌디함을 살려보자 싶었다.
대신 재킷이나 코트를 걸치는 스타일링을 감안해 뒤판은 일반 모사로 타이트하게 처리했다.

Making 174page

내가 매일 틈날 때마다 뜨개질을 하다 보니
어느새 친한 사람들도 하나둘씩 손뜨개 마니아가 되어 간다.

내 손과 발이 되어주는 그림자 같은 존재인 셋째 동생 성희는
나보다 더 나를 챙기고 걱정해주는 인물이다. 조금 재미있는 것이,
예전의 그녀에게 있어 뜨개질은 참 답답해 보이는 취미 중 하나였단다.
그런데 매일 함께 시간을 보내면서 내가 뜨개질하는 것을
지켜보는 동안 서서히 흥미가 생겼나 보다. 이것저것 물어보면서
뜨는 법을 배우더니, 요즘은 취미를 넘어 아예 생활이 되어버린 정도다.

그 모습이 어느 순간 참 사랑스럽게 느껴졌고,
본인도 매일 뭔가를 열심히 뜨고 있지만 짬을 내서
내가 손수 뜬 옷을 선물해주고 싶어졌다.

물론 이제 다들 나이가 있으니 날씬해 보이는 디자인은 기본.
그래서 고운 색감의 조합을 살리되 스트라이프는 세로로 넣었다.
팔색조를 닮은 베스트가 완성되었고, 내가 입고 촬영한 뒤 바로 동생에게 전했다.

19
세로 스트라이프 앞트임 베스트
Making 176page

Knitting Life 365 days

모노톤을 좋아하지만 뜨개질할 때
만큼은 강렬한 색감의 실을 손에 잡고
싶어진다. 둥근 실타래가 옷의 형태를
지니게 되는 순간을 연상하면서
'색'과 함께 노는 시간이 즐겁다.

이번 책 작업을 하는 동안
나만의 새로운 작업 방식이 생겼다.
뜨는 모든 작품을 기록으로 남기는 것.
처음엔 낱장의 종이를 스크랩했는데,
최근에는 아예 뜨개 노트를 만들어
일목요연하게 정리하고 있다.
언젠가 딸에게 물려주면 이 또한
의미 깊은 선물이 될 것 같다.

내가 선물한 그러데이션 풀오버를 입고
모델 촬영까지 흔쾌히 수락해주신 극장장님.
국립극장에서 기념으로
함께 사진을 찍었다.

카디건 · 재킷 · 코트

Cardigan & Jacket

박시 스타일 그린톤 반팔 카디건

여름에 시스루 소재를 즐겨 입을 때면 가볍게 걸칠 수 있는 또 하나의 상의 아이템이 필요하다. 그래서 셔츠류를 입어도,
원피스를 입어도 어디에나 무난하게 매칭할 수 있는 봄여름 니트 카디건을 매년 하나씩 준비한다. 올해 뜬 옷은 산뜻한 느낌의 그린 카디건.
가끔은 숄처럼 어깨에 걸치고만 나가도 지인들로부터 제법 멋스럽다는 이야기를 듣곤 한다.

Making 178page

핑크 컬러 심플 롱 카디건

Making 180page

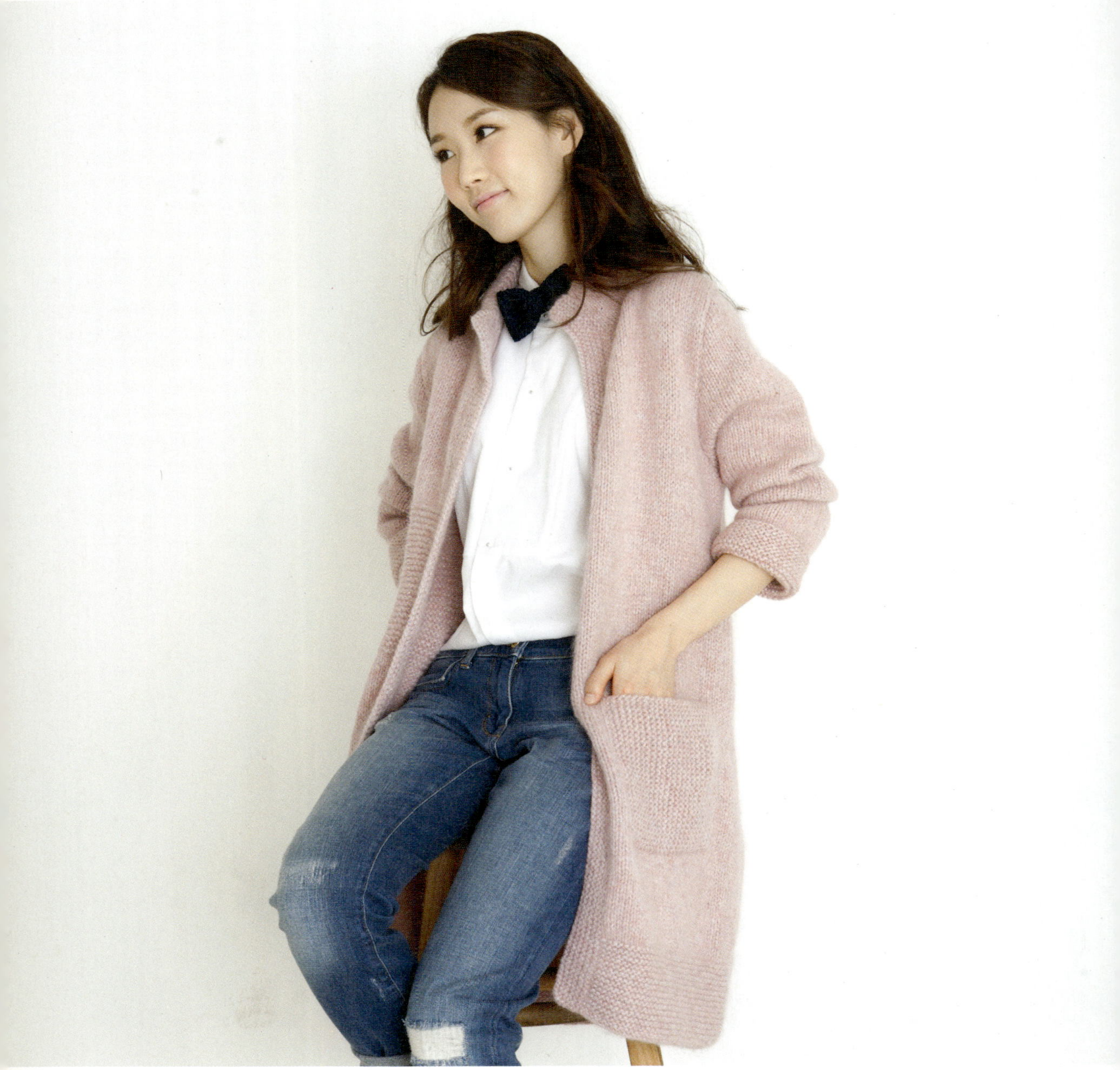

김성녀표 니트의 골수팬, 내 딸 지원이.

서른 중반의 나이에 갑자기 몽골로 해외봉사활동을 떠나 2년이라는
긴 시간을 보내고 돌아왔다. 지원이는 자신의 길을 찾기 위해 부단히 노력하고
생각한 바가 생기면 과감히 부딪힐 줄 아는, 참으로 열성적이고 씩씩한 여성이다.
무엇보다도 엄마가 떠주는 니트라면 뭐든 행복한 마음으로 입어주니
만드는 입장에서도 감동스럽기 그지없다. 해외에 있던 작년 한 해 동안에도
전화할 때마다 이런 옷을 입고 싶다, 이렇게도 한 번 만들어봐 달라 등등
특별주문(?)이 끝없을 정도였으니….
이 카디건은 한국 돌아오는 겨울이면 오랜만에 러블리한 스타일로
차려입고 싶다는 말에 고운 핑크색 실로 여름내 떠서 준비한 작품이다.
11월에 귀국하면 깜짝 이벤트로 선물하겠다는 마음에 매일 설레면서
(그래서 이미 끝낸 작품 촬영은 조카가 대신했다).

지원이가 무사히 돌아왔고, 예상대로 카디건을 보자마자
'너무 예뻐'를 연발하며 아직까지도 참 열심히 입고 다닌다.
그런데 즐거워하는 와중에 슬쩍 남긴 예리한 한 마디.

"그동안 내가 봤던 엄마 니트 옷들이 너무 많이 사라졌는데…?"
아, 물론 그렇겠지. 일년 내내 뜨는 옷은 거의 모두가
선물의 의미를 담은 것이니까. 이를 모를 바 없는 지원이지만 조금은 속상했는지
다시는 해외에 나가지 않겠다는 멘트로 귀여운 투정을 부린다.

최근에는 딸아이도 뜨개를 배우기 시작해 자신이 입을 풍성한 볼륨감의
블랙 풀오버를 한참 뜨는 중이다. 한 주 한 번 최 선생, 동생 성희와 셋이 모여 수다 떨며
뜨개질을 해온 작은 공방. 이제는 딸 지원이도 이 즐거운 모임의 새 동료가 되었다.

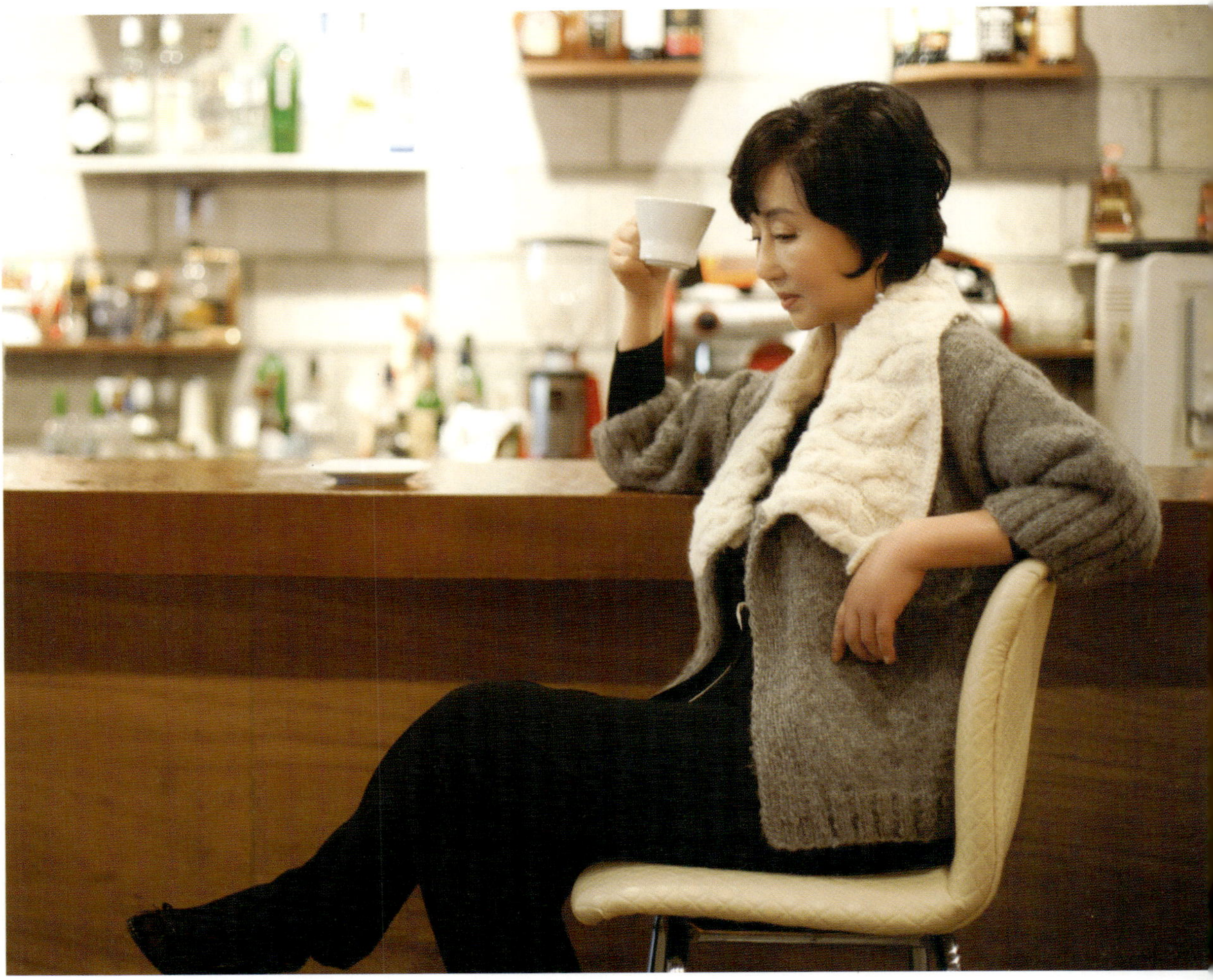

22

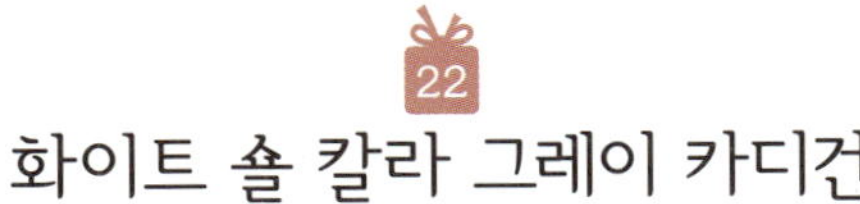

화이트 숄 칼라 그레이 카디건

Making 182page

넉넉한 화이트 숄 칼라의 푸근하고 편안한 이미지가 유독 강조된 그레이 카디건.
모노톤 매칭으로 클래식하게 입어도, 데님과 발랄한 면 셔츠로 캐주얼하게 스타일링해도
조화로움을 느낄 수 있는 시즌 머스트해브 아이템이다.

마음이 여리고 순수한 요즘 보기 드문 착한 청년,
아들 지형이.

체구가 비교적 큰 편이라서 사실 니트가 잘 어울릴 것이라는 생각은
해보질 못했다. 그런데 아빠를 닮아 빨간색을 좋아하는 데다가
후드 달린 박시한 상의를 자주 입길래 이런 스타일을 감안해 한 품씩 떠주다 보니
의외로 썩 소화 잘 시킨다는 사실을 새삼 깨닫게 되었다. 그리고
딸과 마찬가지로 어떤 옷을 떠줘도 즐겁게 입어주는 데에 대한 고마움도 느끼게 된다.

아이가 자라는 동안 따뜻한 밥은 자주 차려주지 못했지만
부족했던 엄마의 정을 이제라도 쏟기 위해 매년 새 옷을 뜬다.
그래서 한 해를 시작할 무렵이면 가장 먼저 아들을 위한
작품 목록부터 정하곤 한다.

남성용 레드 컬러 후드 재킷

Making 186page

비비드 스트라이프 쇼트 카디건

Making 188page

보기엔 색 고운 일반 캐주얼 카디건.
그런데 실값이 무려…?!

이번 책을 만들면서 뜬 작품들 중 가장 '비싼' 옷.

사용한 실이 100% 캐시미어의 최고급 소재이니 뜨개질 하시는 분들은 대략 어느 정도 고가일지 짐작하실 테다. 왜 이 실을 사용했냐 하면, 여기엔 사연이 좀 있다. 어느 날 신문을 읽던 중 나이 든 해외 유명인사가 니트 옷을 곱게 차려 입은 사진에 시선이 꽂혔다. 이 스타일이야! 하며 감탄했고, 짜고 싶은 충동에 바로 도전했다. 그런데 여러 가지 색감을 섞는 디자인이다 보니 입었을 때 우아한 느낌을 주려면 아무래도 실 또한 고급스러워야 할 것 같았다.

결국 큰맘 먹고 색색의 캐시미어사를 구입했다. 그리고 머릿속에 각인된 이미지를 떠올리면서 떴는데(사진으로는 디자인 디테일이 확실히 보이지 않았기 때문이다)…. 완성해놓고 나니 생각한 그림과는 많이 다른 게 아닌가. 의도대로 나오지 않아 다소 실망스러웠다. 그런데 의외로 옷을 본 젊은 친구들은 '너무 예뻐요~'를 연발한다. 이런 반응을 얻으니 또 '실값은 톡톡히 했네' 하는 생각이 들어 은근히 기분 좋다.

그렇다. 때때로 예상하지 못한 결과물이 나오는 것 또한 손뜨개의 매력이자 재미인 듯하다. 내 기준에 고급스럽다기보다는 '유니크한' 콘셉트를 지닌 이번 카디건을 누구에게 선물할까 생각하는 순간, 불현듯 딸 지원이의 한마디가 떠올랐다. "나 다시는 외국 안 가니까 엄마가 뜬 옷은 누굴 주더라도 꼭 나를 거쳐서 줘야 해." 아마도 조만간 엄마 니트에 집착 많은 딸아이 손에 넘어갈 것 같다.

레이어드 스타일 레드 롱 카디건

겨울용이지만 짧은 소매로 완성한 반코트 형태의 롱 카디건.
개성적인 레이어드 스타일을 연출할 수 있는 디자인이다. 사실 본격 겨울 시즌보다는
늦가을 무렵 부담 없이 걸쳐 입기에 좋다. 또 단추를 모두 채우지 않고 오픈해서 이너웨어와의
자연스러운 매칭을 보여주는 편이 훨씬 스타일리시해 보인다.

Making 192page

26
꽈배기 솔기 장식 쇼트 카디건
Making 194page

'국악계의 프리마돈나'라고 불리는
최고의 명창 안숙선 선배.

오래전 가야금병창을 배우던 무렵 바로 위 선배셨다.

나는 배우로, 선배는 명창으로 각자 자신의 길을 걸었는데 창극단에서

몇십 년 만에 다시 만나게 된 것을 계기로 특별한 정표를 하나 전하고 싶었다.

소리밖에 모르고 늘 연습에만 몰두하고, 자신을 가꾸거나

멋을 부릴 줄은 모르는 사람. 그런 선배에게 정을 듬뿍 담은

따뜻한 옷 한 벌을 선물해 외풍을 막아드리고 싶었다.

작고 가냘픈 체구라 짙은 카키 실로 뜬 쇼트 카디건이 무척 잘 어울리는데,
날씨가 추워지면서 연습하는 날이면 종종 걸치고 나오신다.
평생에 걸친 끊임없는 열정으로 세계 최고의 명창이라는
현재의 모습을 이뤘겠지만, 이제는 예쁜 니트 옷에 기뻐하기도 하고
가끔 여유 있게 일상을 즐기기도 하셨으면 하는 바람이다.

그러고 보니 내가 뜨개 선물을 전하는 분들은 자기 일에
몰입하는 장인 정신을 지닌 이들이 유독 많은 것 같다.

27
프리 사이즈 그러데이션
칠부 소매 카디건
Making 198page

트렌디 스타일로 만들고 싶었는데,
그놈의 반짝이 때문에….

연극을 생명처럼 여기는 열성파 명연출자 한태숙 씨.

꼭 한 번 배우와 연출가의 관계로 만나고 싶었던 분이지만 안타깝게도

연극 무대에서는 아직까지 이 바람이 이뤄지지 않은 채였는데,

창극단을 맡은 뒤 〈장화홍련〉 공연에서 예술감독과 연출자로 함께 일하게 되었다.

이 시간을 함께 보내는 동안 인연에 대한 고마움이 다시 새록새록 느껴졌다.

알고 보면 나와 갑장이기도 한 연출가. 체격이 왜소하기도 하고

그래서 연습하는 시간만큼은 항상 몸이 따뜻했으면 하는 마음이 생겨

편히 걸칠 수 있는 아우터를 선물하고자 했다. 자연스럽게 말려 올라가면서

넉넉한 칠부 소매를 연출하는 편안한 스타일이 제격일 것 같았다.

그런데…?

완성된 옷이 정작 받는 분 입장에선 마음에 완벽히 들지 않으셨던 것이다.

문제는 바로 사용한 털실인 '펄 섞인 은사'.

디자인 자체에는 무척 흡족해 했지만 반짝거리는

펄 느낌 은사를 본인이 소화하기에는 무리라고 하면서 정중히 사양하셨다.

물론 이런 이야기를 솔직하게 해주는 상황이 상대의 취향을

한 번 더 생각하는 기회가 되는 만큼, 나로서도 오히려 고마운 마음이 들었다.

이런 연유로 결국 옷은 내가 입기로 했다.

촬영하면서 조카에게도 입혀보았는데 더할 나위 없이 잘 어울리는 것을 보니,

매칭에만 신경 쓰면 연령대 상관없이 누구나 무난하게 입을 수 있을 듯하다.

대신 한태숙 씨의 옷은 반짝임 없는 매트한 소재의 실로 다시 뜨는 중이다.

목도리 · 모자 · 워머 · 양말
Fashion Goods

28

두 스님을 위한
목도리와 모자

Making 200page

부모님을 위한 불공을
열심히 드려주시는 고마운 인태스님께.

인태스님은 보문사에 계시는 갑장스님이시다. 예전에 엄마가 돌아가셨을 때

양가 부모님을 모두 그 절에 모시면서 인연을 맺게 되었고,

지금까지도 스님이 매년 열심히 불공을 드려주신다.

제를 올리는 동안 스님의 염원은 소리를 통해 내게도 와 닿는다.

아무리 바빠도 일년에 두 번 정도는 꼭 찾아뵙게 되는 인태스님.

희노애락의 표출이 전혀 없지만 내게 있어서는 늘 같은 자리를 묵직하게 지켜주는,

마치 산과도 같은 존재다. 올겨울 목도리와 모자를 직접 떠서 선물해드린다고 했더니

처음엔 힘들겠다고, 하지 말라고 한사코 말리셨다.

게다가 사진 찍는 것만큼은 절대 사양하겠다고 하셨는데.

내 마음대로 선물을 드린 데다가 결국은 스님과 즐거운 촬영 시간도 가졌다.

어휴 스님. 너무 죄송하고, 고생하셨습니다.

하지만 스님과 함께 사진 남길 수 있는 기회는 놓치고 싶지 않았습니다.

Making 201page

음악으로 만난 인연, 원경스님께.

7년 전쯤 산사 음악회를 통해

인연을 맺게 된 북한산 형제봉 자락의 심곡사 주지 원경스님.

스님은 산사 음악회의 개창자인 한편 시인이기도 한데,

최근에도 또 아름다운 글이 담긴 책을 출간했을 정도로

마음 속 가득 풍요로움을 담은 분이시다.

노래를 좋아하지만 무술 실력도 뛰어난 외유내강의 인물.

올해도 잊지 않고 꾸준히 공연을 보러 와주시는 문화적인 스님께

이번 겨울에는 색다른 모자와 목도리를 짜드리고 싶어졌다.

멋을 이해하는 분인 것 같아서 목도리에는

특별히 개성적인 문양도 넣어보았다.

물론 아주 흡족한 마음으로 받아주셨다.

볼륨 워머 스타일 퍼플 숄

숄을 만들기 위해 뜨기 시작했는데 생각보다 실이 부족했다. 길이가 짧아 이걸 어쩔까 하다가 전체적으로 주름을 넣어주었다.
평상시에는 몸을 덮는 숄로, 좀 더 멋부리고 싶을 때는 주름을 조절해 워머로 이용하는 아이템이다.

Making 203page

와인 컬러 넥 워머

래빗퍼사로 뜬, 스타일리시하면서 따스하기까지 한 넥 워머.
차분하게 가라앉은 오묘한 느낌의 와인 컬러가 우아한 여성미를 살린다.
추위가 시작되는 늦가을부터 겨울 시즌 내내
두루 활용하기 좋은 패션 소품이다.

Making 204page

빨간 양말은 남편의 트레이드마크.

항상 빨간색 양말만 고집하는 컬러 취향이 참 독특하신데, 사실 나는
그보다도 '양말' 자체에 집착하는 그이 모습이 아직까지도 신기할 따름
이다. 여름에도 집안에서 양말을 신고 잠자리 들 때면 반드시 수면양말
을 챙겨 신는다. 특히 추운 계절엔 발목까지 올라오는 양말 하나 짜달라
고 성화이시다. 남편 수면양말을 짤 때는 자투리 실을 활용하는 것이 나
만의 뜨개질 노하우 중 하나. 옷을 뜨면서 조금씩 남은 울사를 한데 모
아두었다가 이들을 자유롭게 매칭해서 재미있는 배색의 스트라이프를 넣
곤 한다. 그런데 남편에게는 편안한 잠을 위한 기능 소품인 반면, 아들
지형이는 이것을 재미있는 패션 소품인 양 스타일링해 신고 외출한다.

이번에 뜬 선명한 색감의 색동 양말은
둘 중 더 잘 어울리는 사람에게 선물할 예정이다.

메리노 울사는 털 날림이 없고 부드러워서 수면 양말, 또는 아이들 옷을 뜨기에도 적합한 실이다.
캐시미어 100% 실보다는 가격이 저렴하지만 일반 모사 중에서는 가격이 좀 비싼 편이기도 하다. 그래서 뜨고 남은 자투리 실들을
잘 모아두었다가 스트라이프가 돋보이는 수면 양말을 만들어 남편에게 선물하곤 한다.

남편을 위한 색동 양말

Making 205page

32
판초 & 헤어밴드 세트
그러데이션감을 멋지게 살릴 수 있는 루프 팬시얀사 판초.
실이 두껍고 뜨는 방법도 단순해서 뜨개 초보자라도
기본기만 익히면 2~3일 만에 바로 완성할 수 있는 디자인이다.
남은 실을 이용해 헤어밴드도 만들었는데, 개성 있게
연출하면 베레모처럼 스타일링할 수도 있다.

Making 206page

레이스 장식 덧버선

올해 가장 많이 선물한 아이템 중 하나가 바로 덧버선이다. 몇 켤레 묶음을 손쉽게 구입할 수도 있지만
이제는 작은 소품 하나라도 신경 써서 예쁘게, 취향을 살려 특별하게 만들고 싶다. 계절 상관없이 가방에 하나쯤
넣고 다니면서 보온이 필요할 때나 발을 가려야 할 때 바로 꺼내 신는다.

Making 208page

34
프리 스타일 컬러 머플러
Making 207page

'팔색조 배우' 같은 느낌에 보는 순간 반하고 만 털실.

색상이 너무 화려하고 예뻐서 가장 먼저 내 목도리부터 떠 스스로에게
선물했다. 앞으로도 계속 팔색조 같은 배우로 남으라는 격려의 차원에서.

일견 자투리 실을 연결해 만든 것 같지만 온전한 한 타래.
실 자체가 예술인지라 컬러 톤을 종류별로
다양하게 구입해서 많은 지인에게 목도리 선물을 했다.
뜨기야 금세 뜨니까.

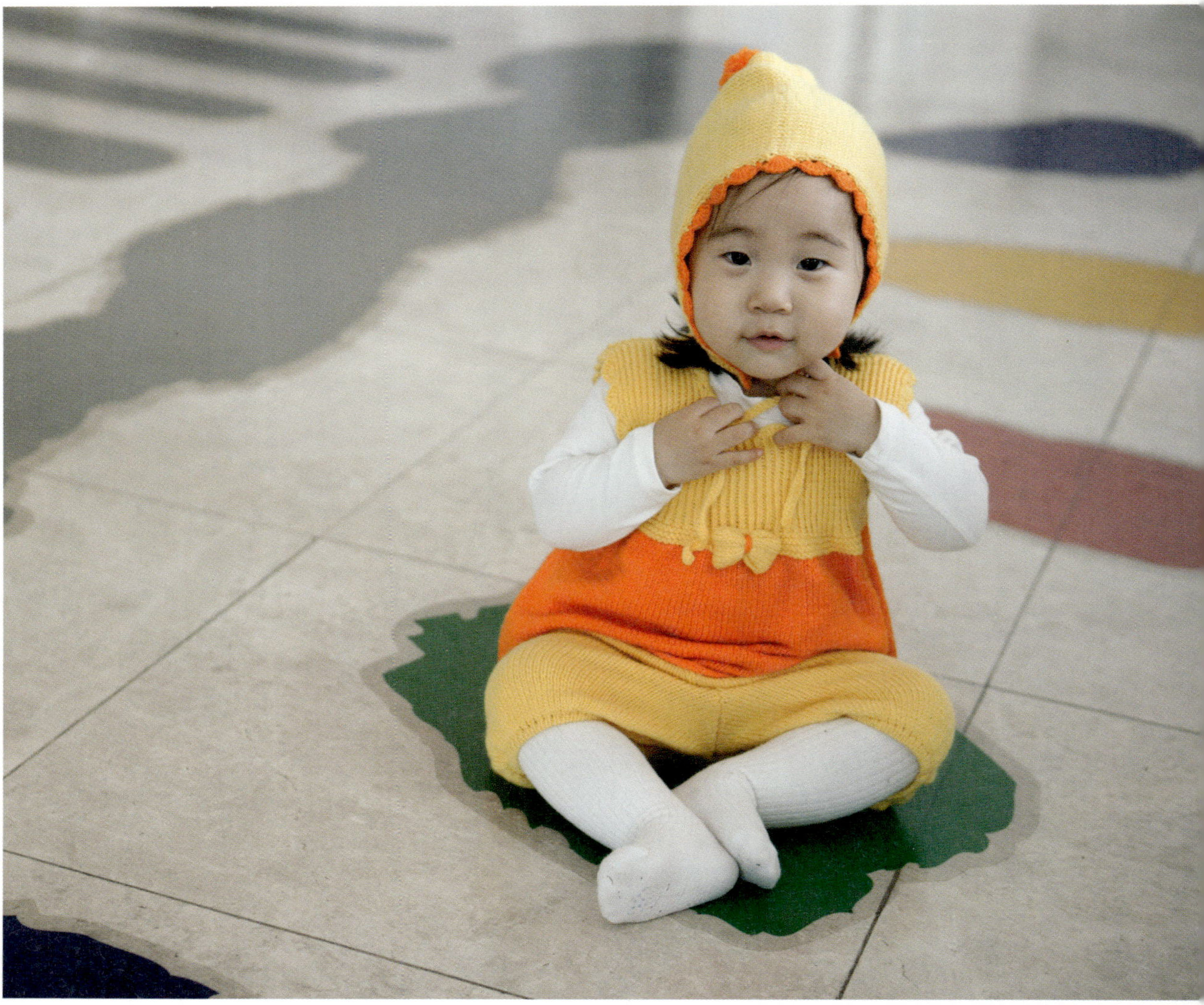

35

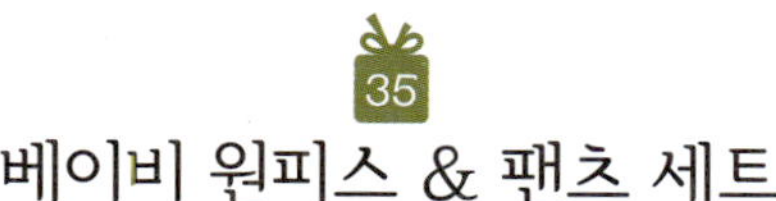

베이비 원피스 & 팬츠 세트

Making 210page

대학을 졸업한 뒤 결혼하기 전까지,
무려 8년이란 시간을 곁에서 그림자처럼 도와준 내 첫 제자 완선이.

워낙 내 옆에만 붙어 있어서 연애 한 번 못하고 노처녀가 되는 건 아닌가 내심 걱정했는데….
다행히 연애도 잘 하고 결혼까지 순조롭게 이었으며, 결혼식날은 내가 주례를 서기도 했다.
그런 그녀의 첫딸 서은이가 여름 무렵 돌을 맞았다. 당연히 기념으로 옷 한 벌 떠줘야지 싶었다.

개나리색, 오렌지색의 베이비울사로
깜찍한 원피스와 펌프킨 팬츠 그리고 모자까지 세트로 만들어주었다.

진정한 재미를 찾아야 한다.
아무리 바쁘더라도 인생의
자신의 삶이 즐겁기를 바란다면
그래서 매일 청춘 같은 기분이다.
뭘 해도 무엇을 입어도 항상 설레고,

즐거운 선물 아이템 중 하나인 덧버선.
나도 지인들도 기능성과 디자인에
만족하지만 뜨고나서
가장 예뻐보이는 건 역시
아기를 위한 색감 고운 덧버선이다.

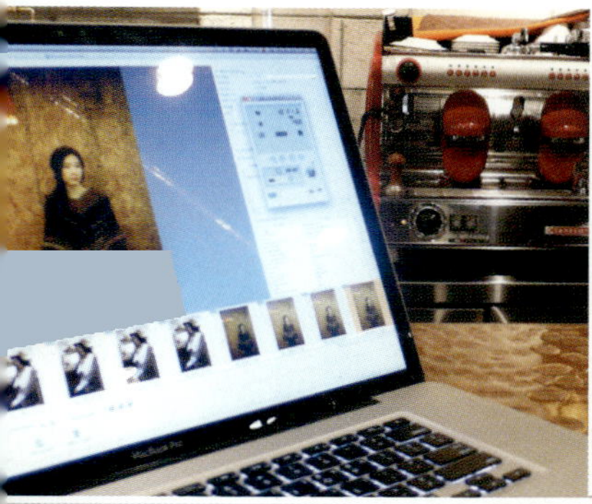

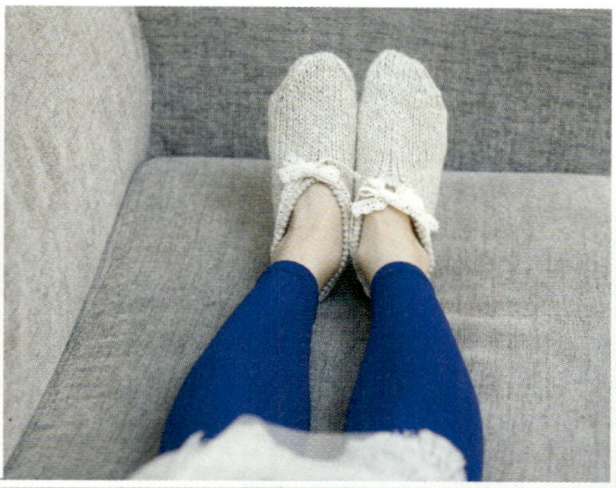

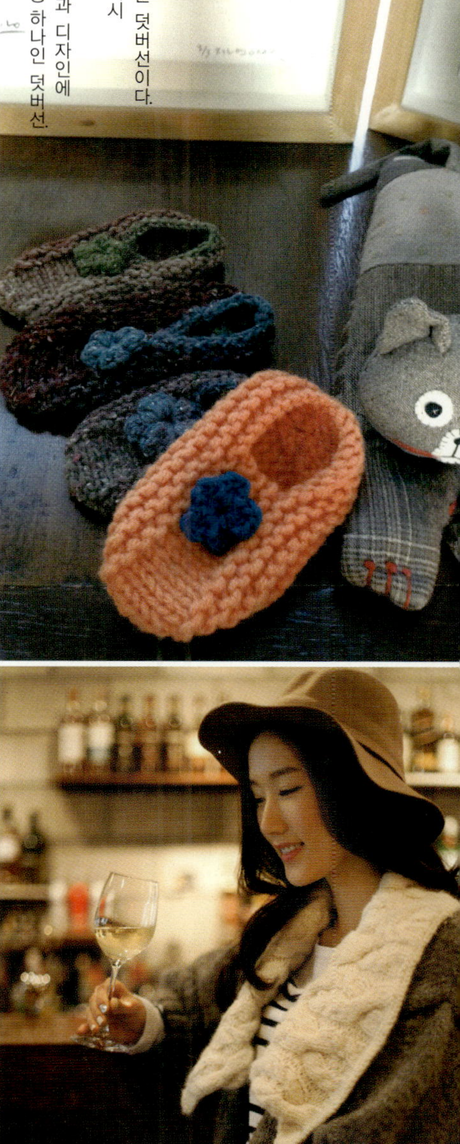

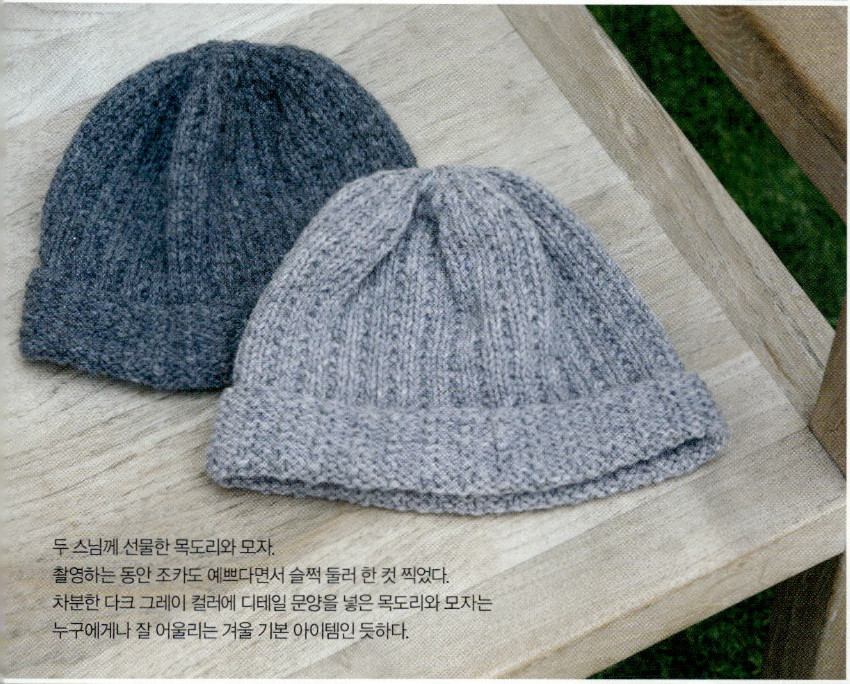

두 스님께 선물한 목도리와 모자.
촬영하는 동안 조카도 예쁘다면서 슬쩍 둘러 한 컷 찍었다.
차분한 다크 그레이 컬러에 디테일 문양을 넣은 목도리와 모자는
누구에게나 잘 어울리는 겨울 기본 아이템인 듯하다.

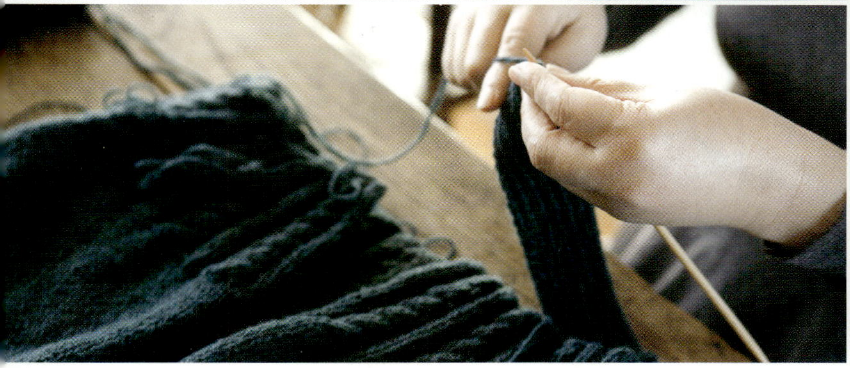

손뜨개를 책 한 권으로 완벽하게 배울 수 있다는 것은
조금 무리일 수도 있는 이야기입니다.
사실 한두 번쯤 목도리나 간단한 옷을 떠본 뒤
자연스럽게 뜨개질의 매력을 알게 되고, 또 다른 아이템을
만들고 싶어지면서 책을 필요로 하는 순서가 일반적이죠.
저 역시 마찬가지였습니다.
처음 뜨개질을 시작한 무렵엔 고수 수준의 동네 아주머니
손놀림을 보면서 어깨너머로 배웠고, 몇 가지 만들어보니 그제서야
비로소 책에 실린 도안과 설명을 이해할 수 있었으니까요.

그렇다고 해서
초보자가 책을 통해 손뜨개 생활에 입문하는 것이
어렵기만 한 일은 아닙니다.
어떤 핸드메이드 분야든지 기본기를 확실히 익히고 시작하면
실패할 위험은 줄고 응용력 넓히는 과정은 한결 수월해지는 법.
그런 만큼 처음 도전하는 사람이라면 반드시
기초편 내용부터 체크하면서 하나씩 따라해보기를 권합니다.

원하는 형태로 완성하기 위해서는 기본 뜨기 이외에
정확한 게이지 내는 법과 도안의 해석 그리고
부분별 디테일을 위한 줄이기, 잇기, 꿰매기 등의
테크닉을 익히는 것도 필수적입니다.
이런 내용 역시 최대한 쉽게 이해할 수 있도록 정리해보았습니다.
기초편 내용을 통해 초보자 누구나 손뜨개를
쉽고 정확하게 배울 수 있었으면 하는 바람입니다.

Basic Skills
손뜨개의 기본 기법 익히기

바늘 종류와 필요한 도구들

1 막대바늘

양쪽이 모두 뚫려 있는 것과 한쪽 끝이 막힌 것 두 종류가 있다. 기본 몸판을 뜰 때는 한쪽이 막힌 것을 사용하는 것이 일반적이며, 모자 등 원통으로 된 아이템은 양쪽이 뚫린 형태가 뜨기에도 수월하다. 실 굵기보다 2배 정도 굵고 매끄러운 종류를 선택한다.

2 코바늘

대바늘로 작품을 만드는 경우 소매 연결이나 가장자리 문양을 뜰 때는 코바늘을 이용한다. 한편으로 책에 소개한 그립백과 코르사주는 코바늘뜨기로 완성한 작품이다.

3 돗바늘

솔기 부분을 잇거나 꿰맬 때, 코 마지막을 마무리할 때 필수적이며 장식 덧수를 넣을 때에도 사용한다.

4 쪽가위

실을 끊기 위한 길이 10cm 정도의 쪽가위는 실을 배색할 때부터 마무리까지 두루 쓰이는 필수 도구다.

5 줄바늘과 둘레바늘

코가 빠질 염려가 없도록 대바늘 2개를 플라스틱 줄로 연결한 종류. 길이 80cm인 것을 줄바늘이라 하고 짧은 줄바늘, 즉 길이 40cm의 것은 둘레바늘이라고 부른다. 초보자가 사용하기에 적합하며, 특히 둘레바늘은 목둘레 같이 좁은 부분이나 원형 모자 등을 뜰 때 사용한다. 나무 소재 이외에 실을 매끄럽게 걸어 빼낼 수 있는 알루미늄 소재의 것도 구비해두면 좋다.

6 단·코 표시핀

몇 단을 떴는지, 몇 코까지 떴는지 헷갈리지 않도록 중간에 걸어두면서 정확한 위치를 확인할 수 있는 전용 핀.

7 시침핀

몸판에 소매를 연결할 때 콧수를 맞추어 시침질하는 용도로 가장 많이 사용하며, 뜨개지에 장식을 붙이는 등 별도의 바느질을 해야할 때도 필요하다.

8 꽈배기바늘

꽈배기 무늬 등 교차뜨기가 필요한 다양한 문양뜨기를 할 때 코를 잡아두기 위해 사용하는 바늘. 가운데가 활처럼 휘어져 있어 코가 쉽게 빠지지 않아 편리하다.

9 어깨핀-1

한쪽 어깨를 완성한 뒤 다른 쪽 어깨를 뜰 때 쉼코를 걸어두는 용도로 사용하며 이것 역시 코가 빠질 염려가 없다. 주머니를 뜰 때도 유용하게 쓰인다.

10 어깨핀-2

마감핀이라고도 하며 이것 역시 코가 쉴 때 끼워두는 용도이다.

11 게이지 자

10×10cm 안의 단수, 콧수를 재서 게이지를 낼 때 필요한 자. 안쪽에 구멍이 뚫려 있어서 1코의 높이와 너비를 쉽게 확인하고 잴 수 있다. 바늘 굵기에 따른 홋수를 바로 체크할 수 있는 자도 하나쯤 구비해두면 요긴하다.

12 줄자

작품의 부분, 또는 전체 치수를 재는 도구.

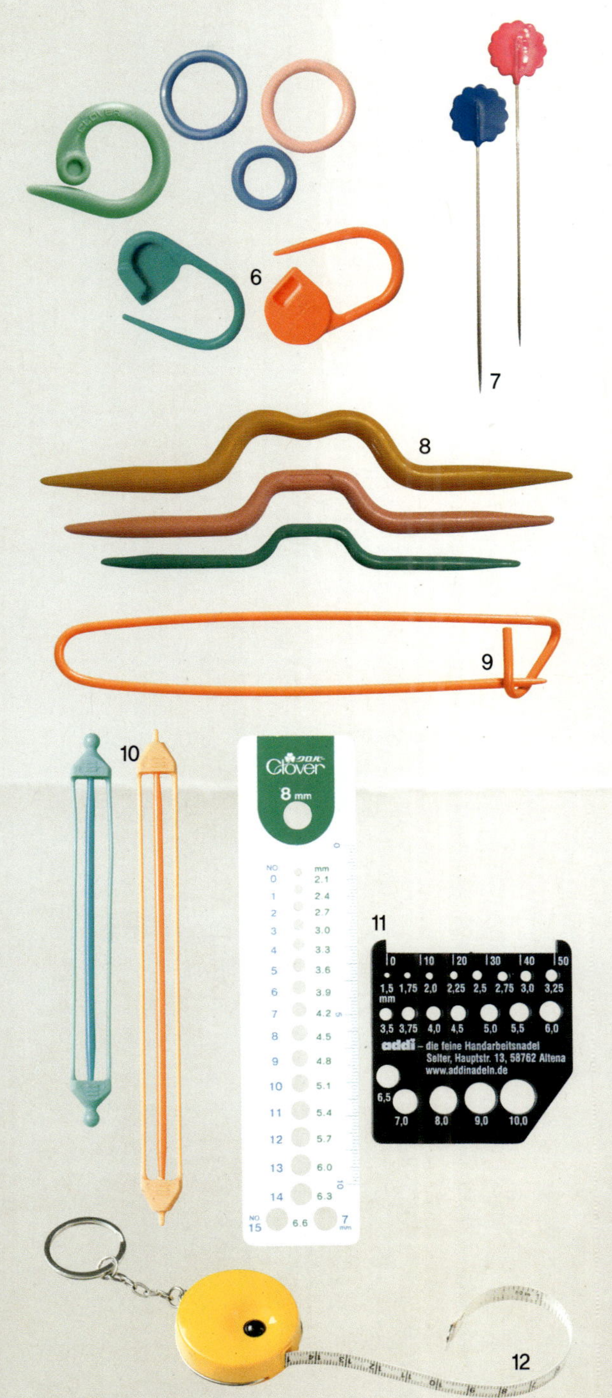

게이지 대입하는 법 & 옷 도안 읽는 법

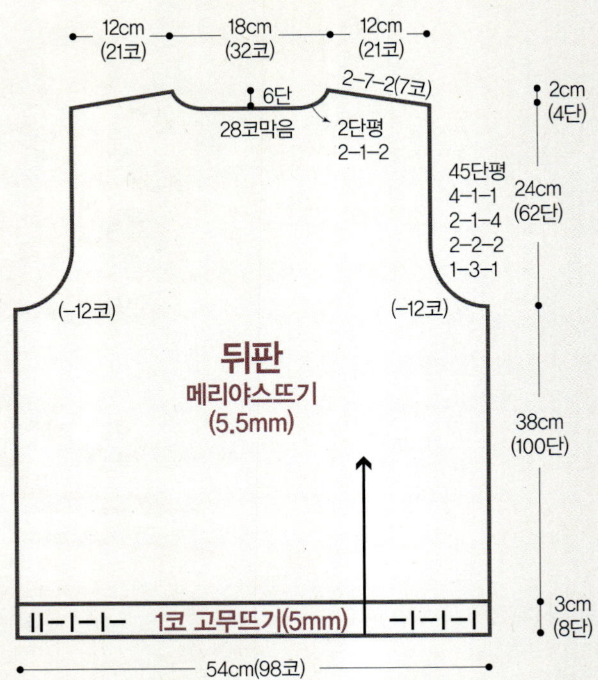

완성치수

- 가슴둘레 : 108cm
- 옷길이 : 67cm
- 어깨너비 : 45cm

게이지

18코×26단
(10㎠, 메리야스뜨기)

❖ 설명은 책에 소개한
퍼플 컬러 터틀넥 풀오버의 뒤판을
기준으로 했습니다.

게이지란?

특정 작품을 뜨기 시작하기 전에 필수적으로 거쳐야 할 작업입니다. 우선 사용하는 실과 바늘을 이용해 선택한 무늬뜨기로 가로세로 각 15cm 정도 크기의 시범 뜨기를 합니다. 뜨개지를 세탁한 뒤 뉘어서 말린 다음 사방 10cm 안에 들어 있는 콧수와 단수를 세는데, 이를 '게이지를 낸다'라고 표현합니다. 책에 실린 모든 작품들 역시 게이지가 표기되어 있습니다. 게이지는 똑같은 실과 바늘을 사용하더라도 뜨는 사람이 느슨하게 뜨느냐, 촘촘하게 뜨느냐에 따라 달라지기 때문입니다. 따라서 책의 작품을 따라 하기 전에 우선은 자신의 게이지를 확인해봐야 합니다. 책에 표기된 게이지와 같은지 비교해본 뒤, 자신이 뜨고자 하는 옷의 크기에 맞춰 콧수와 단수를 산정하는 것이 가장 중요합니다.

옷의 콧수와 단수 산출법

사방 10cm 내의 게이지가 18코×26단이므로, 1cm로 환산하면 1.8코, 2.6단이 됩니다.

▶ 뒤판 가로품이 54cm이므로 **54×1.8=97.2코**
그런데 밑단 고무단이 짝수 콧수가 되어야 하므로 **총 98코**로 뜨면 됩니다.

▶ 진동 아래까지의 세로 길이는 38cm이므로 **38×2.6=98.8단**
반올림하면 99단이지만, 단수는 짝수 단으로 맞춰야하기 때문에 **100단**으로 뜹니다.

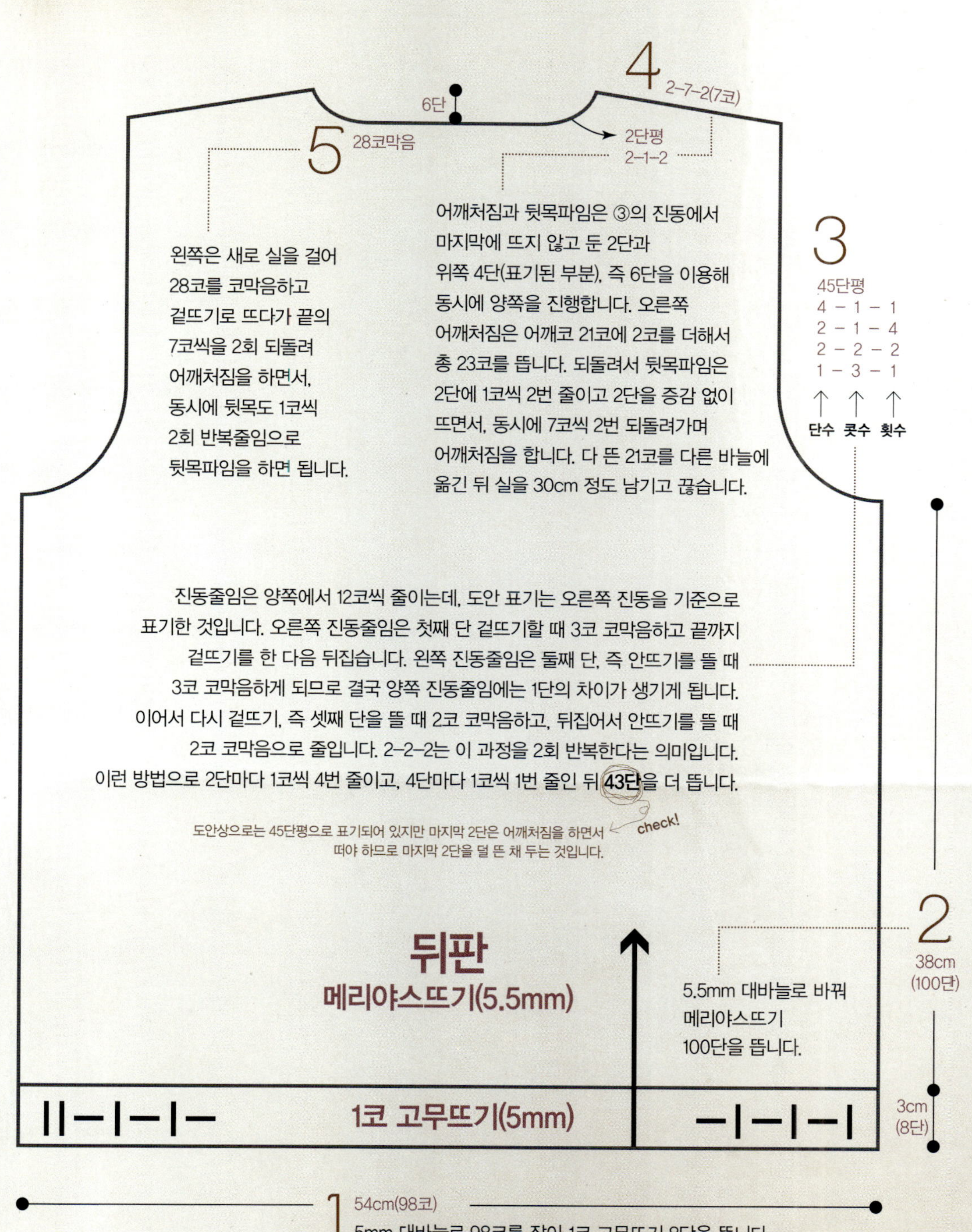

4
2—7—2(7코)

6단

5   28코막음

2단평
2—1—2

3

45단평
4 — 1 — 1
2 — 1 — 4
2 — 2 — 2
1 — 3 — 1
↑   ↑   ↑
단수 콧수 횟수

왼쪽은 새로 실을 걸어
28코를 코막음하고
겉뜨기로 뜨다가 끝의
7코씩을 2회 되돌려
어깨처짐을 하면서,
동시에 뒷목도 1코씩
2회 반복줄임으로
뒷목파임을 하면 됩니다.

어깨처짐과 뒷목파임은 ③의 진동에서
마지막에 뜨지 않고 둔 2단과
위쪽 4단(표기된 부분), 즉 6단을 이용해
동시에 양쪽을 진행합니다. 오른쪽
어깨처짐은 어깨코 21코에 2코를 더해서
총 23코를 뜹니다. 되돌려서 뒷목파임은
2단에 1코씩 2번 줄이고 2단을 증감 없이
뜨면서, 동시에 7코씩 2번 되돌려가며
어깨처짐을 합니다. 다 뜬 21코를 다른 바늘에
옮긴 뒤 실을 30cm 정도 남기고 끊습니다.

진동줄임은 양쪽에서 12코씩 줄이는데, 도안 표기는 오른쪽 진동을 기준으로
표기한 것입니다. 오른쪽 진동줄임은 첫째 단 겉뜨기할 때 3코 코막음하고 끝까지
겉뜨기를 한 다음 뒤집습니다. 왼쪽 진동줄임은 둘째 단, 즉 안뜨기를 뜰 때
3코 코막음하게 되므로 결국 양쪽 진동줄임에는 1단의 차이가 생기게 됩니다.
이어서 다시 겉뜨기, 즉 셋째 단을 뜰 때 2코 코막음하고, 뒤집어서 안뜨기를 뜰 때
2코 코막음으로 줄입니다. 2—2—2는 이 과정을 2회 반복한다는 의미입니다.
이런 방법으로 2단마다 1코씩 4번 줄이고, 4단마다 1코씩 1번 줄인 뒤 43단을 더 뜹니다.

도안상으로는 45단평으로 표기되어 있지만 마지막 2단은 어깨처짐을 하면서
떠야 하므로 마지막 2단을 덜 뜬 채 두는 것입니다.

check!

뒤판
메리야스뜨기(5.5mm)

5.5mm 대바늘로 바꿔
메리야스뜨기
100단을 뜹니다.

2

38cm
(100단)

1코 고무뜨기(5mm)

3cm
(8단)

1   54cm(98코)
5mm 대바늘로 98코를 잡아 1코 고무뜨기 8단을 뜹니다.

코 만드는 법

기본코 만드는 법

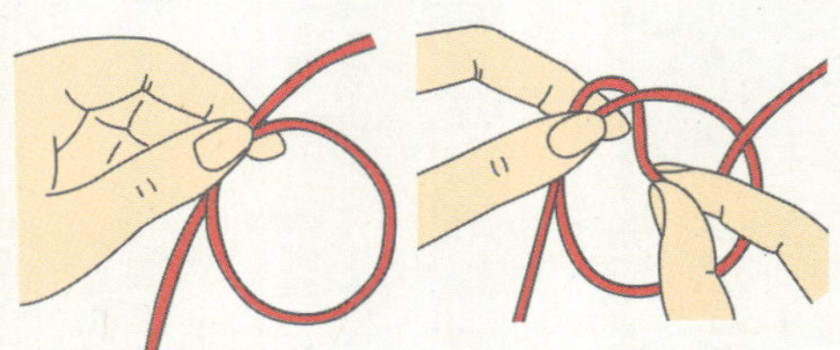

1 엄지와 검지로 실을 잡으면서 원 모양으로 만든다. 원 안으로 그림처럼 실을 잡아 뺀다.

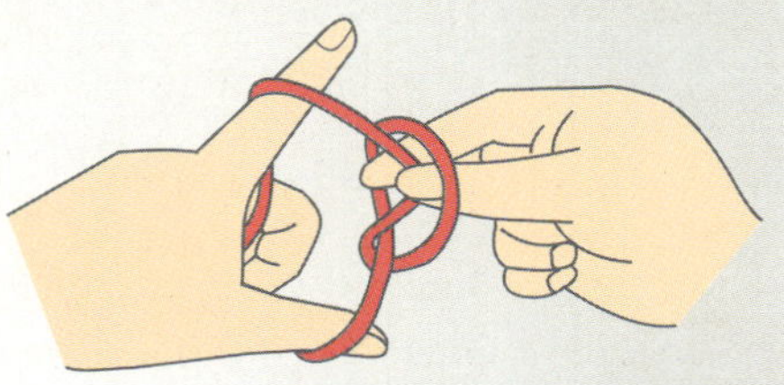

2 동시에 엄지와 검지를 벌리면서 양쪽으로 실을 걸친다.

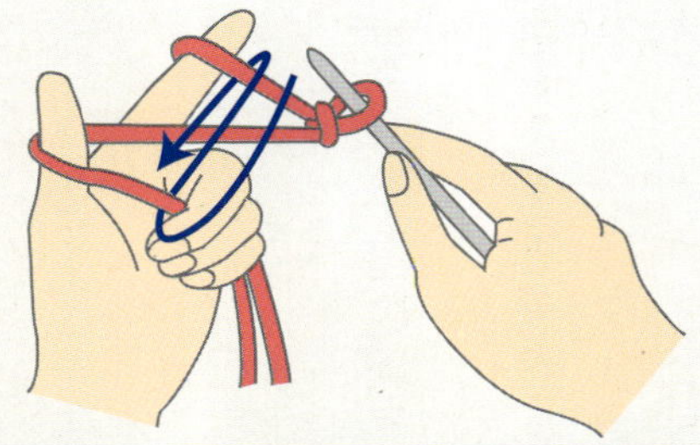

3 바늘을 끼운다. 초보자의 경우 실을 너무 당겨 코가 너무 빡빡하게 잡힐 수 있는데, 이런 경우를 대비해 막대바늘 2개를 이용해도 된다.

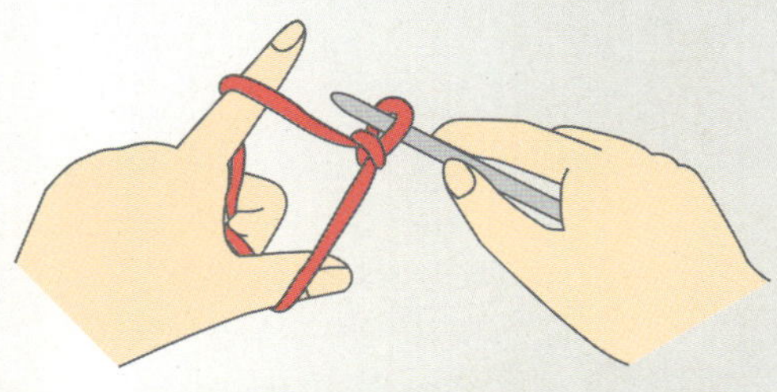

4 엄지와 검지를 위로 향하게 한 상태에서 그림의 화살표 방향대로 막대바늘에 실을 건다.

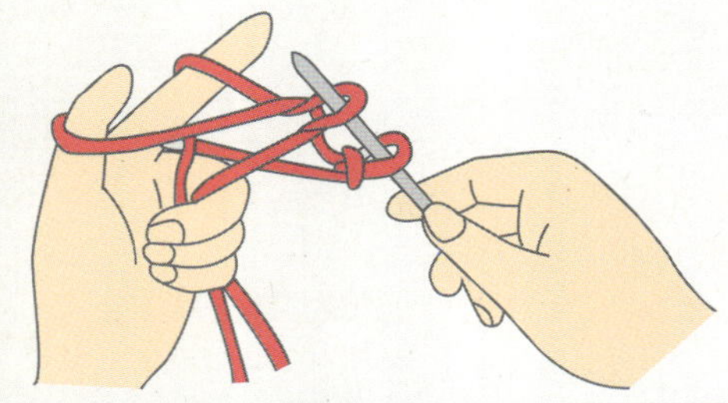

5 검지 쪽 실을 끌어내면서 엄지에 걸려 있는 실은 빼낸다.

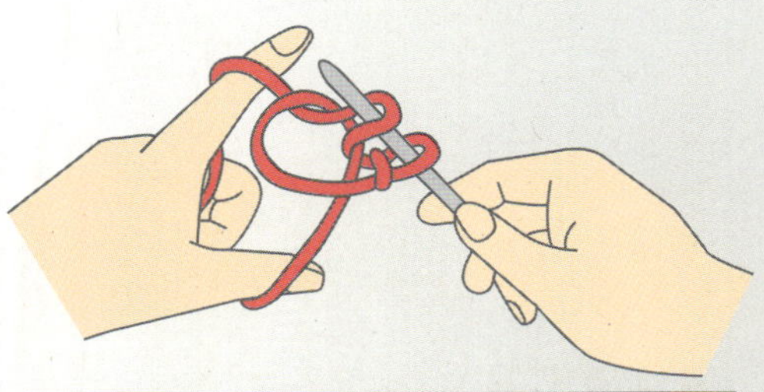

6 엄지와 검지 사이에 실을 걸고 잡아당겨 고정하면 1코 모양이 완성된다. 동작을 반복하면서 원하는 콧수를 만든다.

겉쪽 완성 모양

안쪽 완성 모양

완성된 겉쪽, 안쪽의 모양. 만약 막대바늘을 2개 사용했다면 필요한 콧수를 만든 뒤 바늘 하나는 빼내도록 한다.

모자를 뜰 때나 옷 소매 부분을 만들 때는 원 모양으로 코를 잡는 것이 기본이다.
이때 막대바늘은 총 4개가 필요하다.

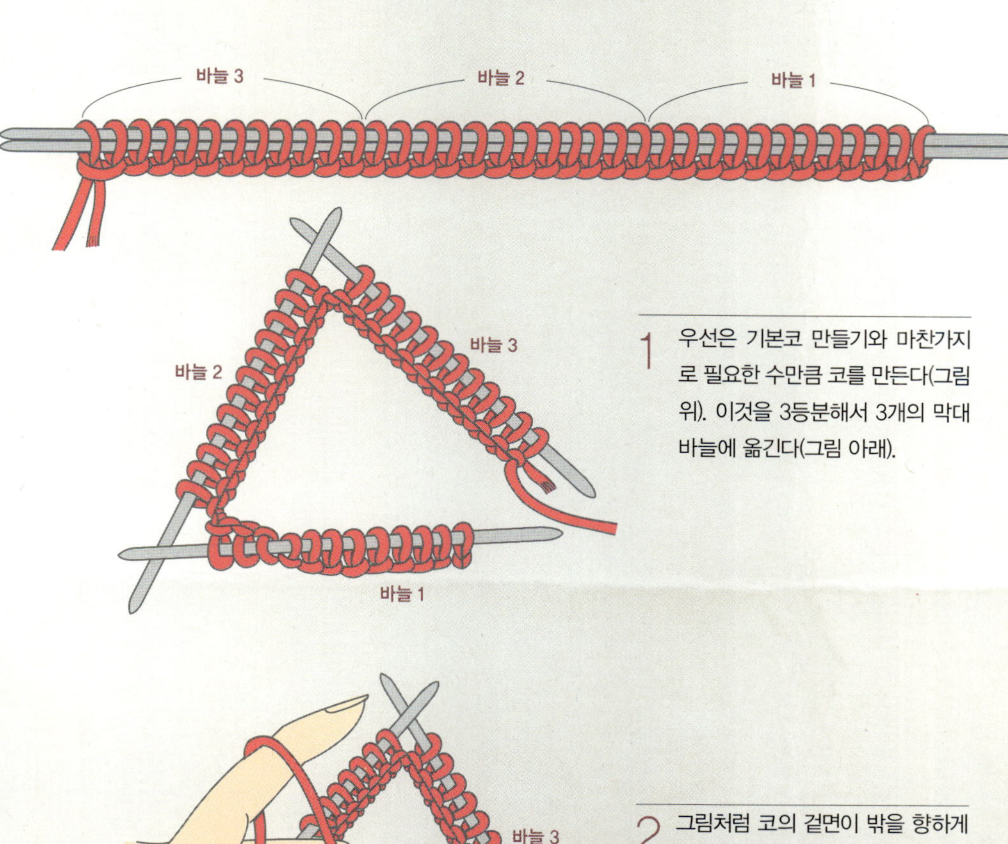

1 우선은 기본코 만들기와 마찬가지로 필요한 수만큼 코를 만든다(그림 위). 이것을 3등분해서 3개의 막대바늘에 옮긴다(그림 아래).

2 그림처럼 코의 겉면이 밖을 향하게 둔 상태에서 새 바늘(4번)을 바늘 1의 첫 코에 넣는다. 바늘 3에 연결된 실을 걸어 뜨면 원형뜨기를 시작할 수 있다.

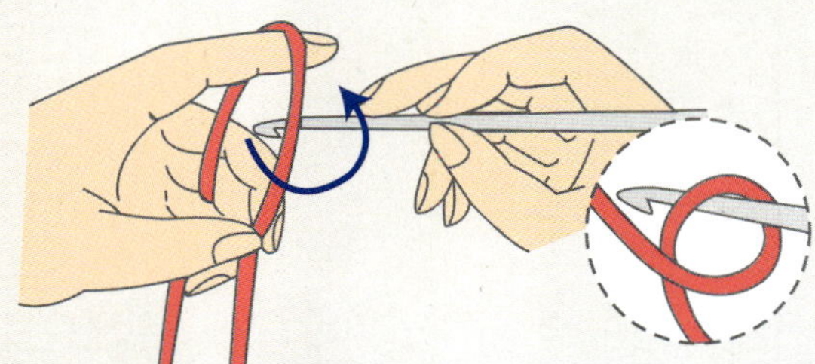

1 그림처럼 실을 잡고, 코바늘을 이용해 화살표 방향
으로 실의 안쪽에서 바깥쪽으로 원을 그리듯이 돌
린다.

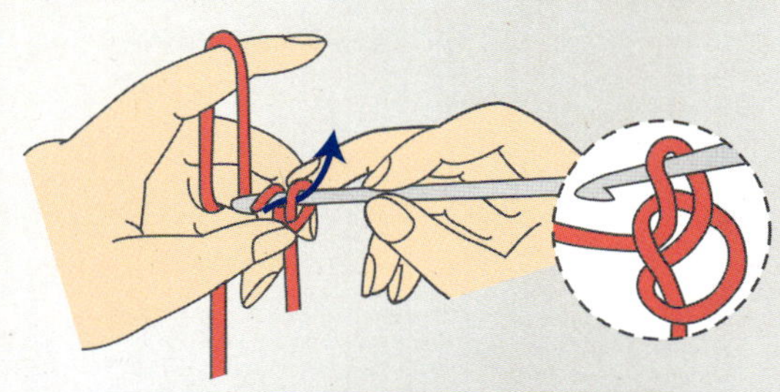

2 바늘에 실을 건 뒤 원을 통과해서 빼낸다.

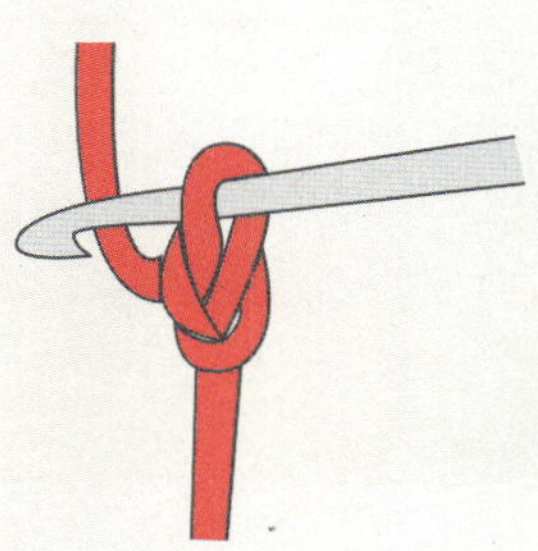

3 기초코가 완성된 모양.

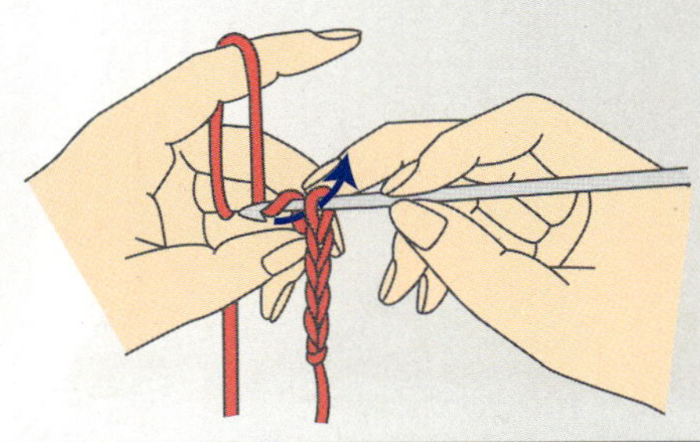

4 원하는 콧수만큼 사슬뜨기를 한다. 초보자는 뒤쪽
의 코바늘 기초편을 참고하도록.

5 사슬코를 필요한 만큼 잡았으면 실을 끊는다.

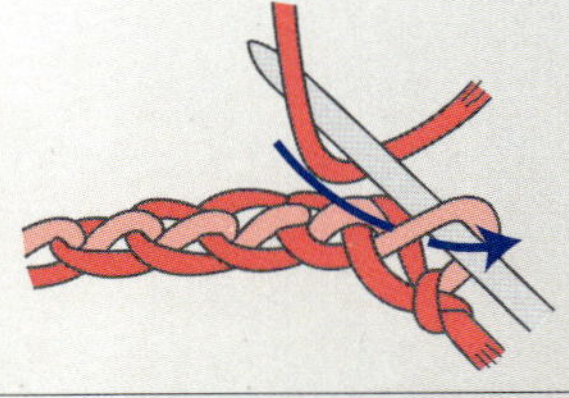

6 사슬코 안쪽 면의 뒷산에 준비한 대바늘을 그림처
럼 넣고, 새로운 실을 걸어 빼낸다.

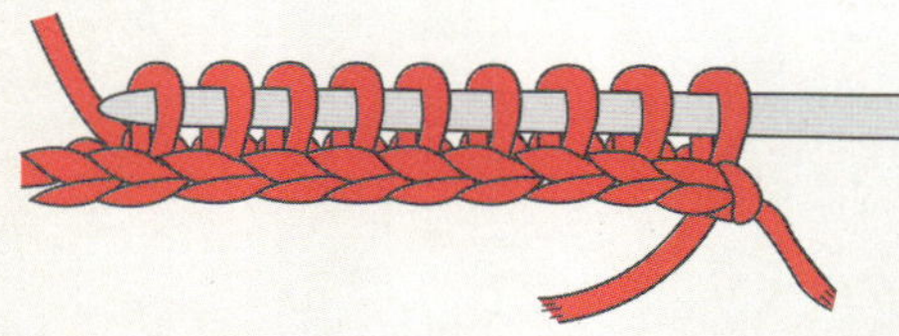

7 ⑥과 같은 방법으로 대바늘로 뒷산에서 계속 코를
끌어 내면 된다.

보조실을 이용해 고무단코 만드는 방법

1코 고무뜨기인 경우

양쪽 끝 모두 겉뜨기 2코라면?

‖-|-|-|-|-‖

보조실 콧수 =
(필요 콧수 + 3) ÷ 2

'필요 콧수는 **홀수**'

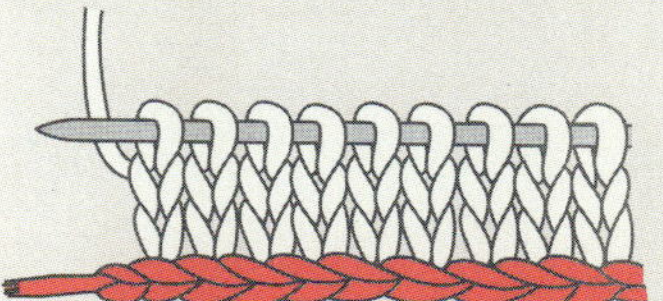

1 보조실(색상 다른 실)로 코를 잡는다(앞 페이지 참조). 뜨는 본실로 메리야스뜨기를 3단 뜬다.

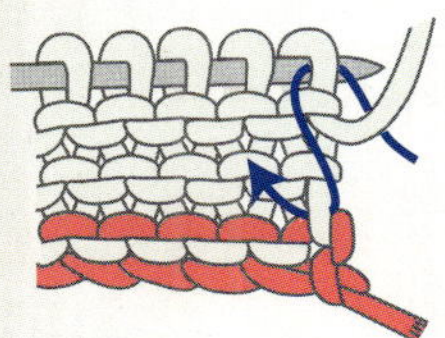

2 뜨개판 안쪽 면에서 걸려 있는 첫 코와 밑의 반 코 부분을 한 번에 잡아 함께 안뜨기한다.

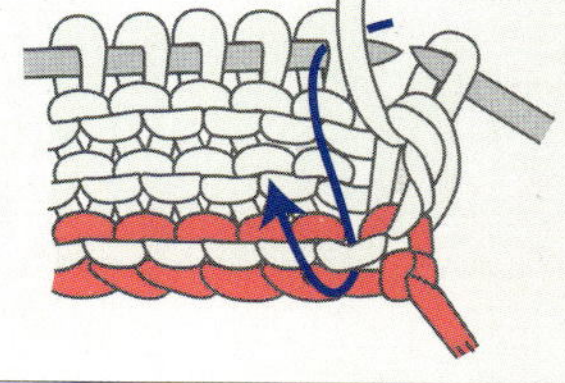

3 다시 화살표 방향대로 위아래 2코에 바늘을 넣어 한번에 안뜨기한다.

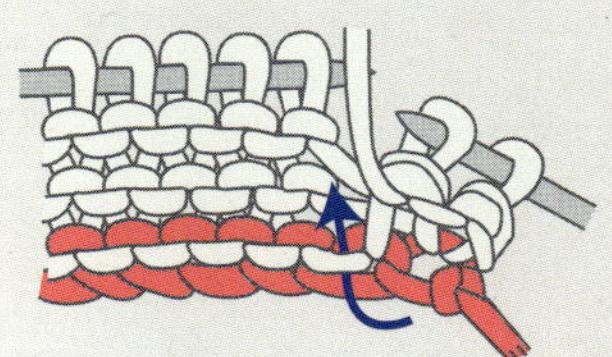

4 이 상태에서 밑의 코를 겉뜨기를 한다.

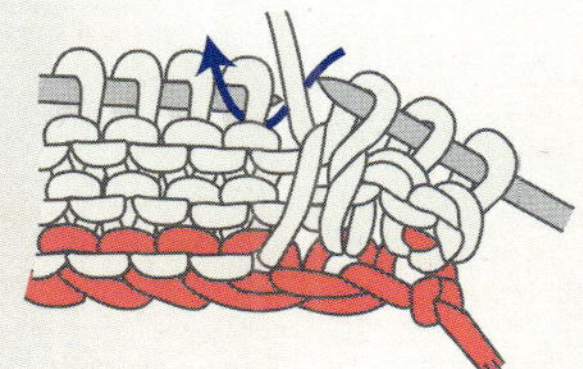

5 바늘에 걸려 있는 실을 그림처럼 안뜨기한다.

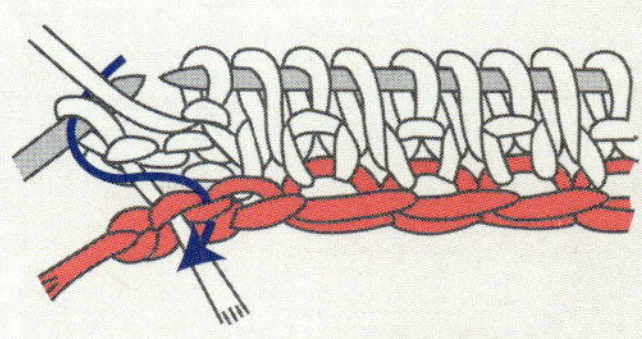

6 ④, ⑤의 과정을 계속 반복한다. 마지막 걸림코와 마지막의 밑 코를 한 번에 끌어올린다.

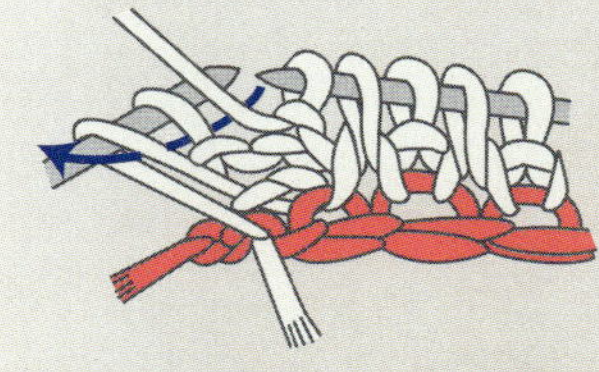

7 2코를 왼쪽 바늘에 옮긴 후 한 번에 안뜨기한다.

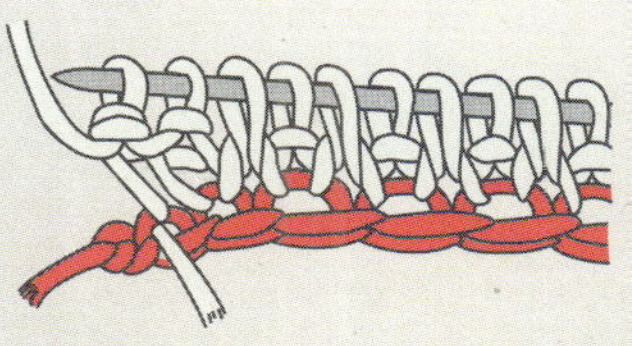

8 코 만들기가 완성된 모양. 이것이 2단째로 보조실은 푼다.

 | ̅ |-|-|-|-|-|-|

보조실 콧수 = (필요 콧수 + 1) ÷ 2 '필요 콧수는 **홀수**'

1 보조실로 코를 잡고 본실로 메리야스뜨기 3단을 뜬다. 화살표 방향으로 실을 걸어 한꺼번에 안뜨기한다.

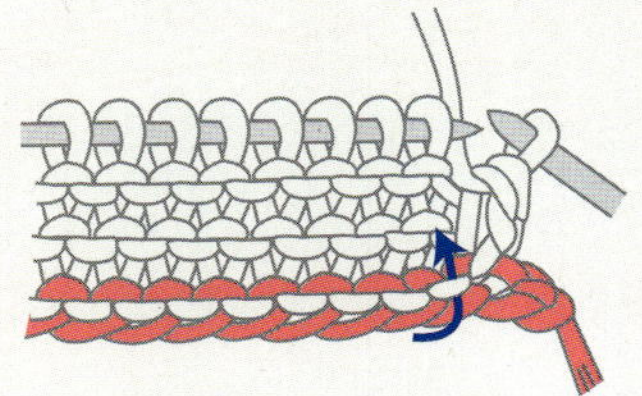

2 다음으로 밑의 코를 걸어 겉뜨기한다.

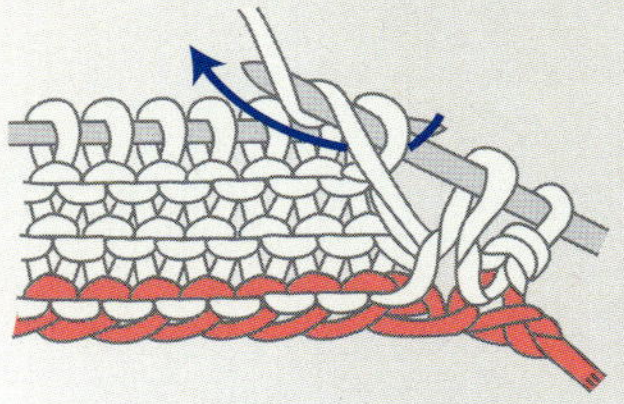

3 바늘의 걸림코를 안뜨기한다. 이렇게 ②, ③의 과정을 계속 반복한다.

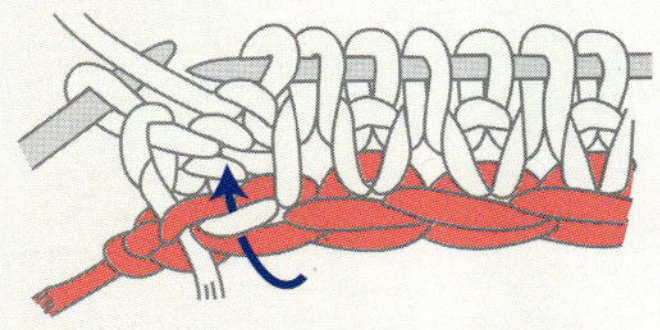

4 밑에 있는 마지막 코를 걸어 겉뜨기한다.

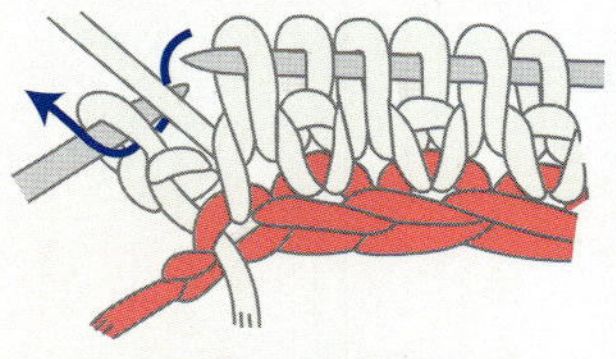

5 바늘에 있는 마지막 코는 안뜨기한다.

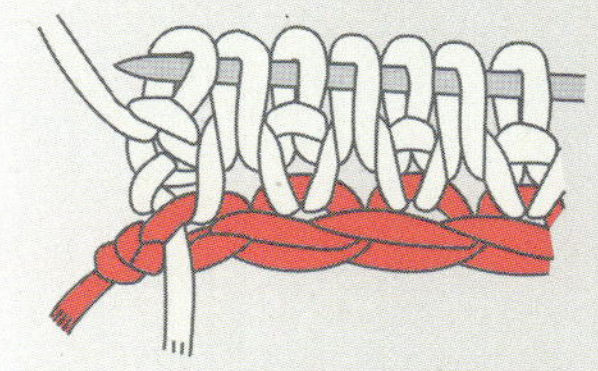

6 완성된 모양.

왼쪽 끝 겉뜨기 2코,
오른쪽 끝 겉뜨기 1코라면?

||-|-|-|-|-|-|

보조실 콧수 =
(필요 콧수 + 2) ÷ 2
'필요 콧수는 **짝수**'

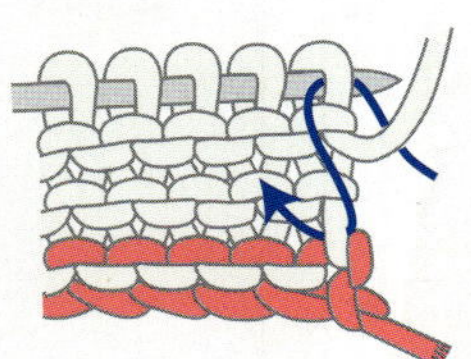

1 보조실로 코를 잡은 뒤 본실로 메리야스뜨기 3단을 뜬다. 화살표 방향대로 아래위 실을 잡아 한번에 안뜨기한다.

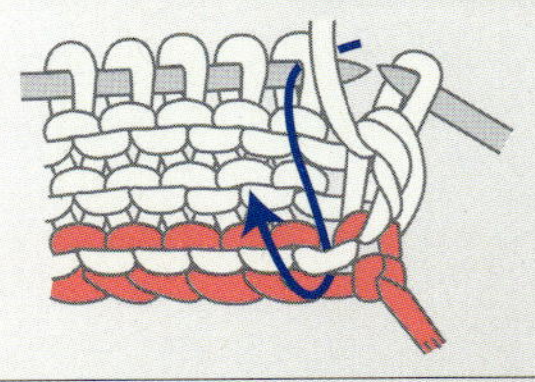

2 2코째 역시 같은 방법으로 바늘을 넣고 안뜨기로 뜬다.

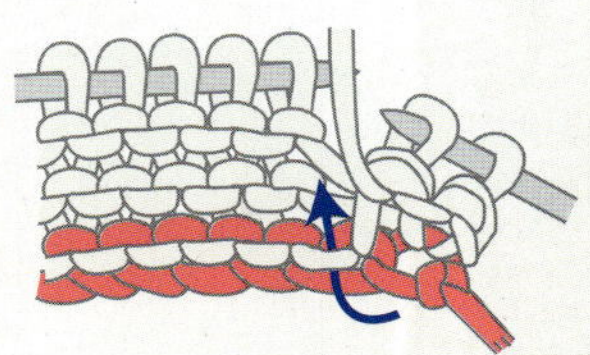

3 다음으로 밑의 코를 걸어 그림처럼 겉뜨기한다.

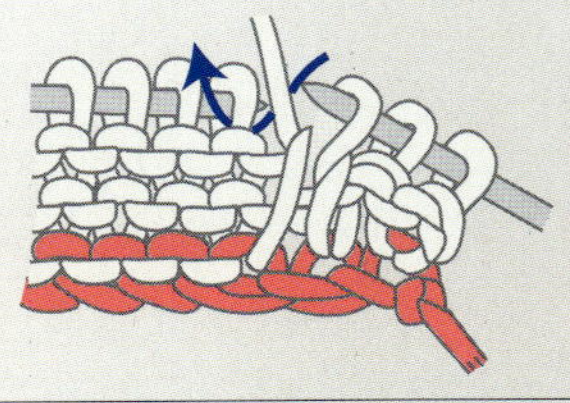

4 바늘의 걸림코를 안뜨기한다. ③, ④의 과정을 끝까지 반복하며 뜬다.

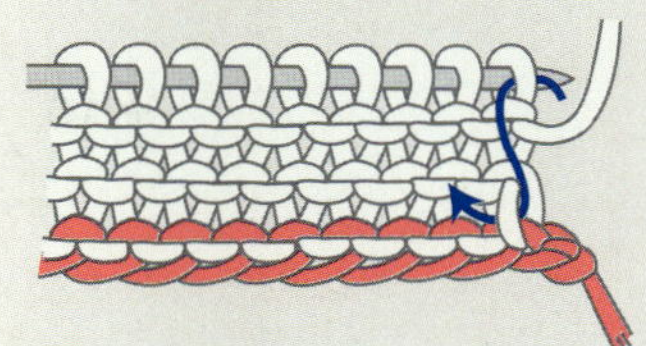

1 보조실로 코를 잡고 본실로 3단을 메리야스뜨기한다. 그림의 화살표 방향으로 바늘을 넣어 2코를 한꺼번에 안뜨기한다.

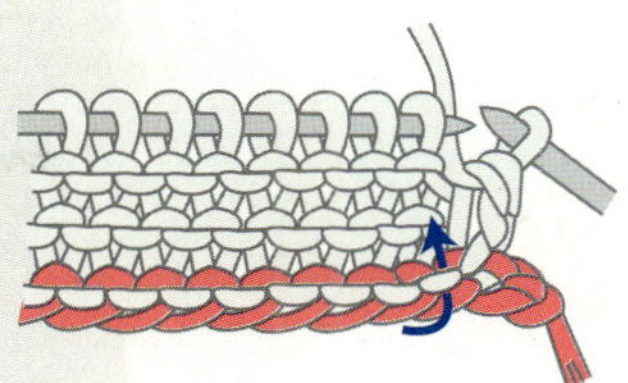

2 밑의 코를 끌어올린다.

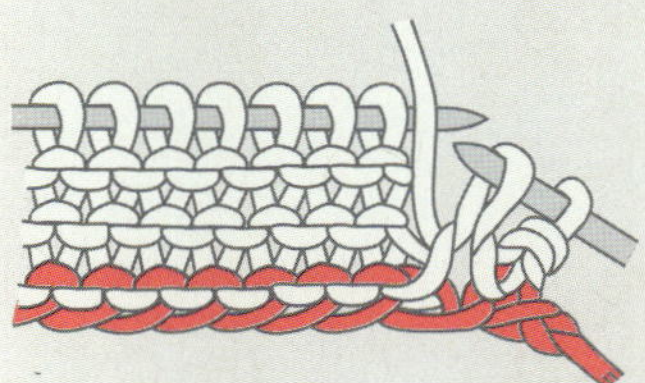

3 그림처럼 겉뜨기한다.

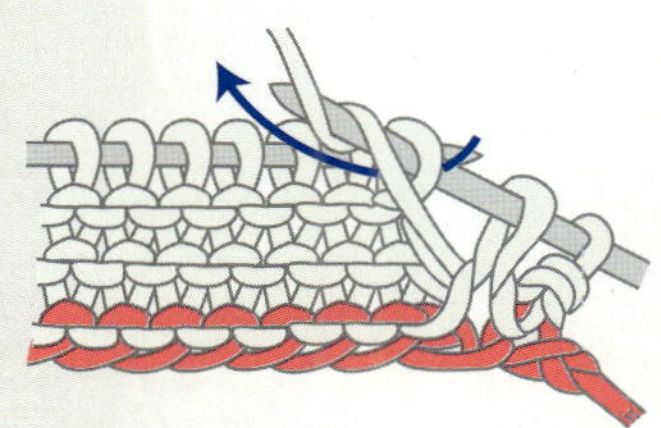

4 바늘에 걸린 코를 안뜨기한다. ③, ④의 과정을 계속 반복한다.

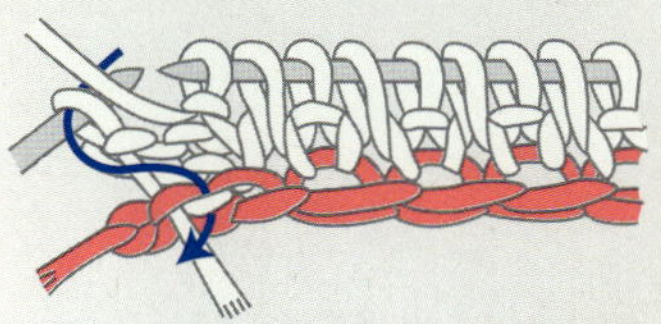

5 걸려 있는 마지막 코와 밑의 코에 화살표 방향으로 바늘을 넣어 끌어올린다.

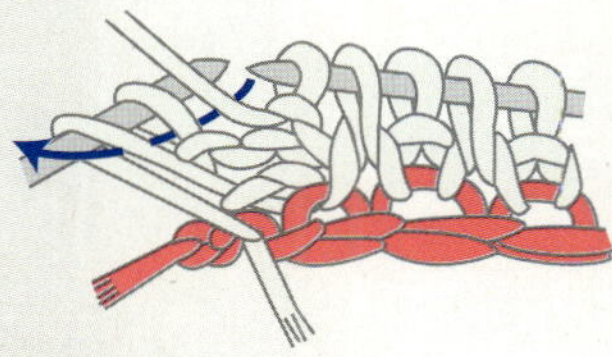

6 2코를 왼쪽 바늘로 옮긴 뒤, 한꺼번에 안뜨기를 한다.

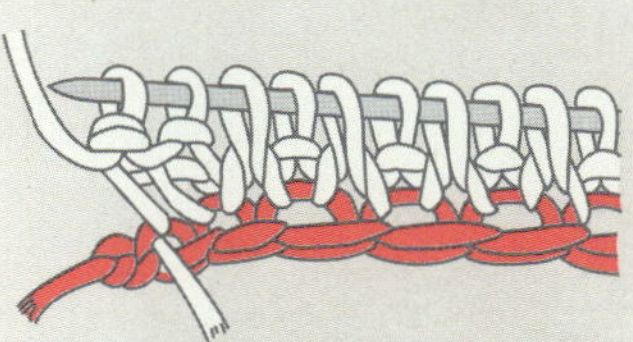

7 완성된 모양.

양쪽 끝이 겉뜨기 2코라면?

||--||--||--||

보조실 콧수 =
(필요 콧수 + 2) ÷ 2

'필요 콧수는
4의 배수 + 2코'

1 보조실로 코를 잡은 뒤 본실로 위로 3단을 메리야스뜨기한다.

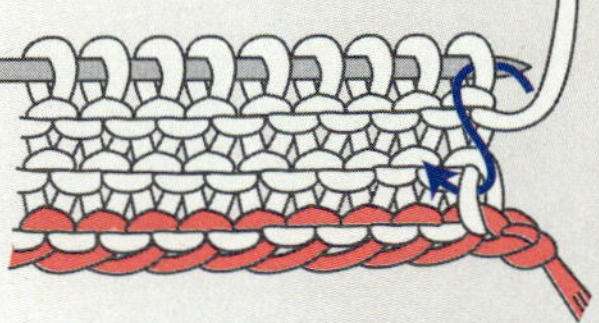

2 뜨개판 안쪽 면에서 걸린 첫 코와 밑의 코를 화살표 방향대로 끌어올린 뒤 함께 안뜨기한다.

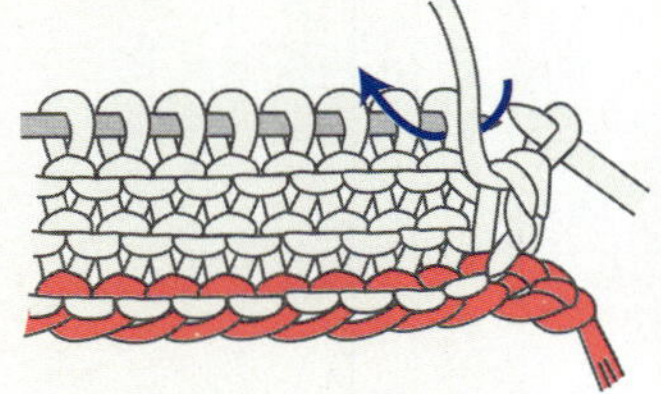

3 바늘의 걸림코를 안뜨기한다.

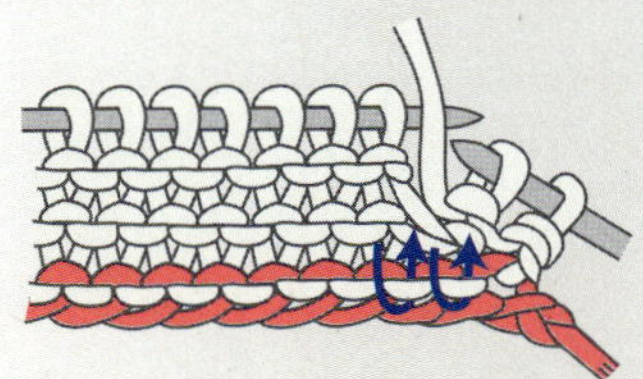

4 다음으로 밑의 2코를 차례대로 겉뜨기한다.

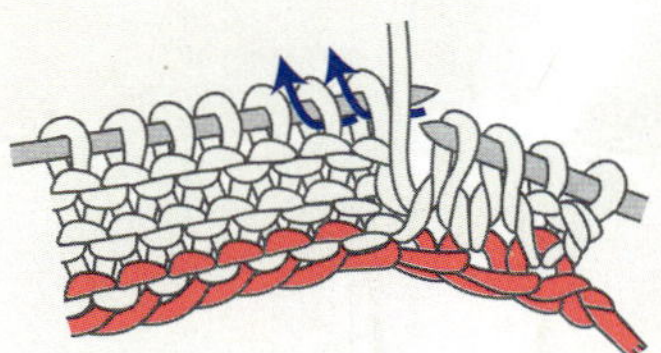

5 바늘의 2코를 1코씩 차례대로 안뜨기한다.

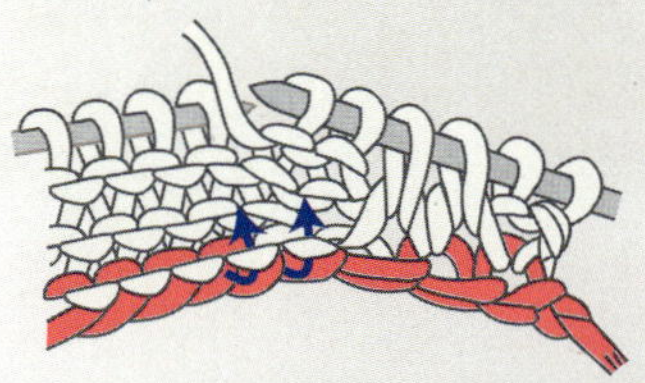

6 ④, ⑥번 과정을 계속해서 반복한다.

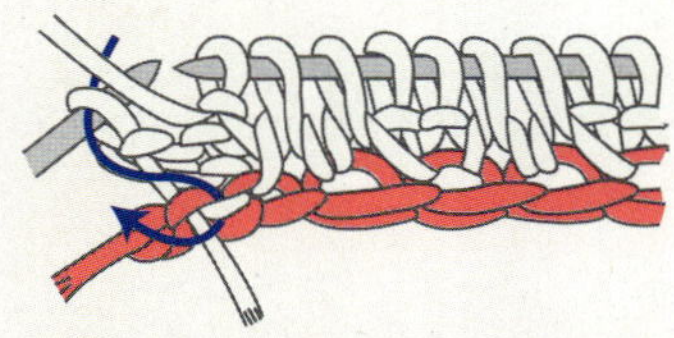

7 걸려 있는 마지막 코와 밑의 코에 화살표 방향으로 바늘을 넣어 끌어올린다.

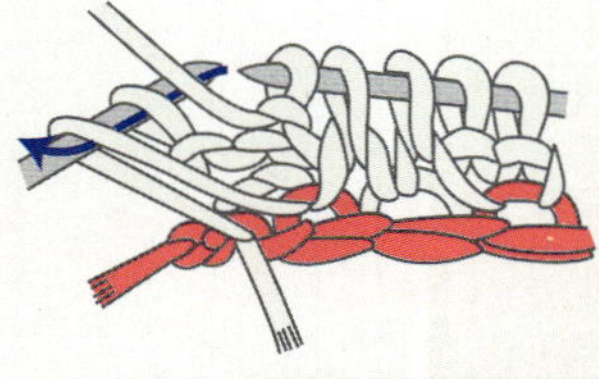

8 2코를 왼쪽 바늘로 옮긴 뒤, 한꺼번에 안뜨기를 한다.

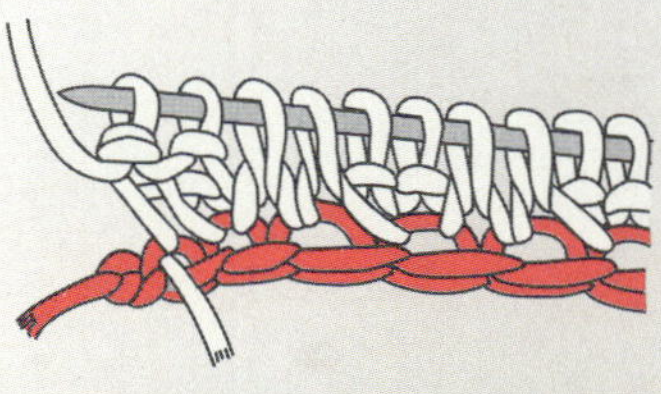

9 완성된 모양.

왼쪽 끝 겉뜨기 3코,
오른쪽 끝 겉뜨기 2코라면?

|||--||--||--||

보조실 콧수 =
(필요 콧수 + 3) ÷ 2

'필요 콧수는
4의 배수 + 3코'

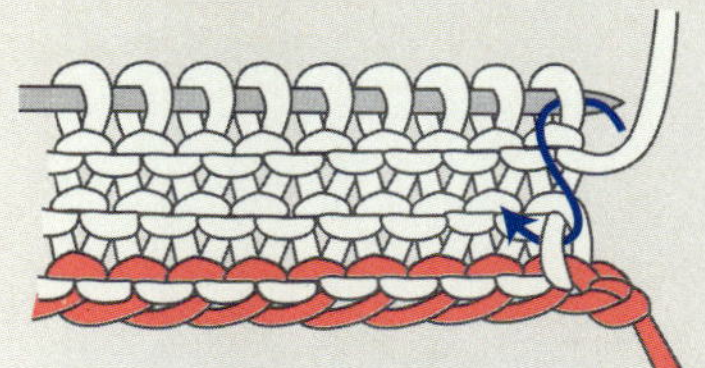

1 보조실로 코를 잡고 본실로 3단을 메리야스뜨기한다. 화살표 방향으로 바늘을 넣어 2코를 한꺼번에 안뜨기한다.

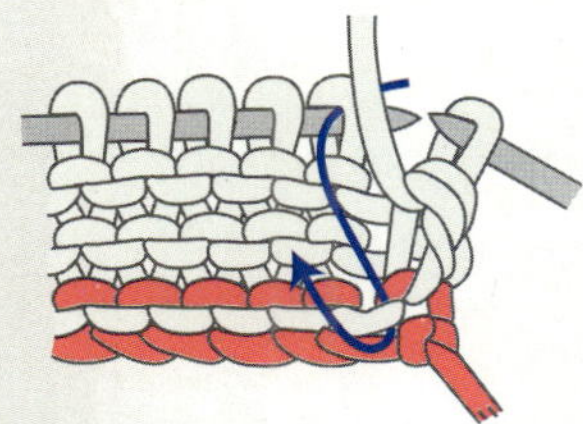

2 2코째 역시 같은 방향으로 바늘을 넣고 한꺼번에 안뜨기한다.

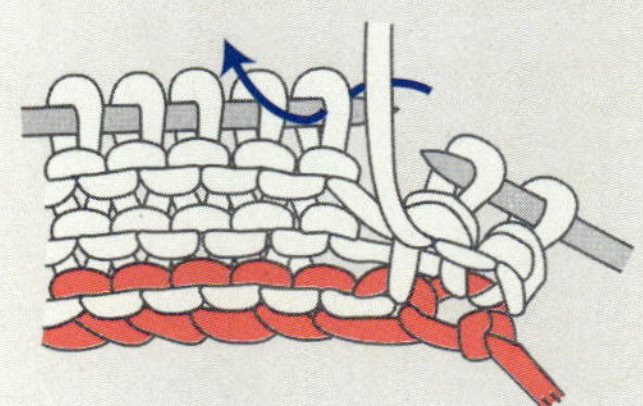

3 바늘에 걸린 코를 안뜨기한다.

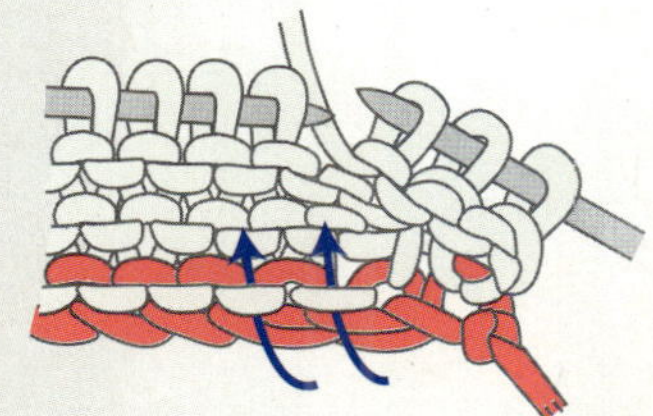

4 밑의 2코를 그림처럼 차례대로 겉뜨기한다.

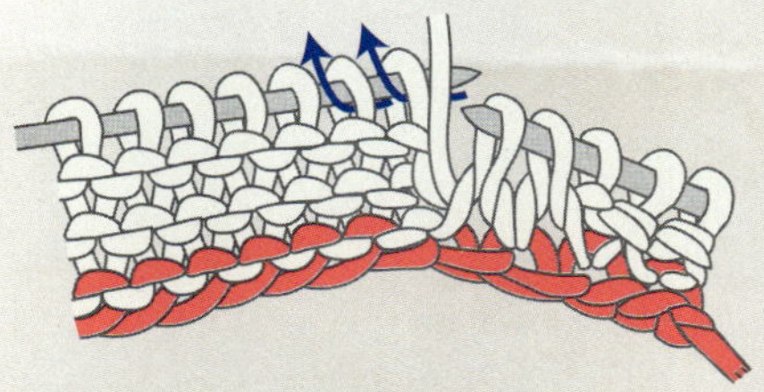

5 바늘의 걸림코 2코를 차례대로 안뜨기한다. 앞 페이지의 과정 ④, ⑤번 과정을 반복한다.

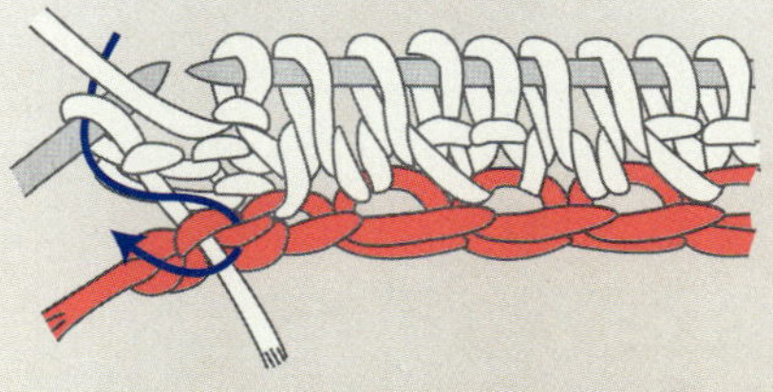

6 바늘에 걸린 마지막 코와 밑의 코를 끌어올린 뒤 왼쪽 바늘에 옮기고 한꺼번에 안뜨기한다.

왼쪽 끝 겉뜨기 2코,
오른쪽 끝 겉뜨기 3코라면?

||--||--||--|||

보조실 콧수 =
(필요 콧수 + 3) ÷ 2

'필요 콧수는
4의 배수 + 3코'

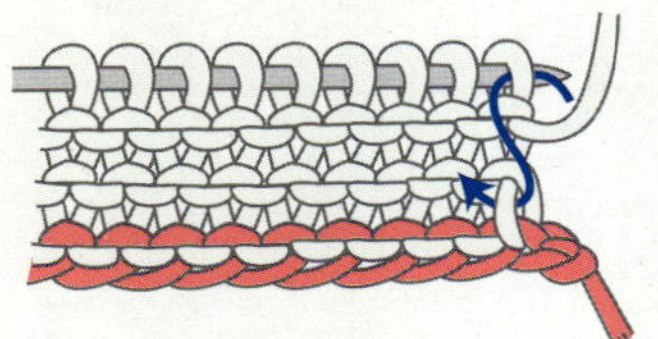

1 보조실로 코를 잡고 본실로 3단을 메리야스뜨기한다. 화살표 방향대로 한꺼번에 안뜨기한다.

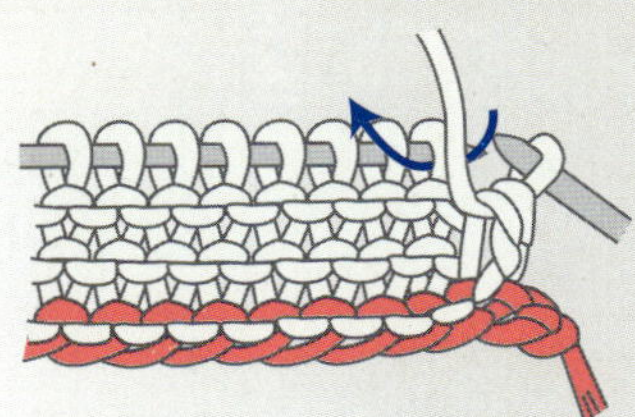

2 바늘의 걸림코를 안뜨기한다.

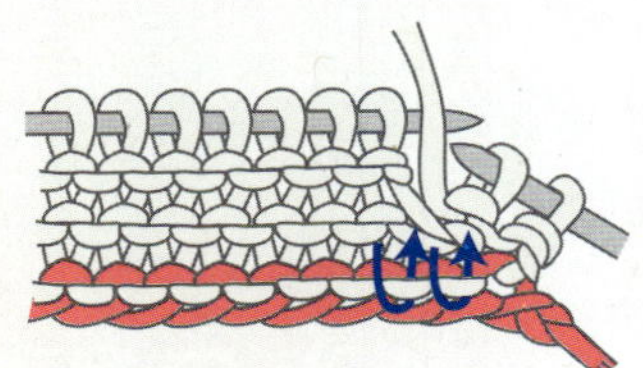

3 밑의 2코는 그림처럼 차례대로 겉뜨기한다.

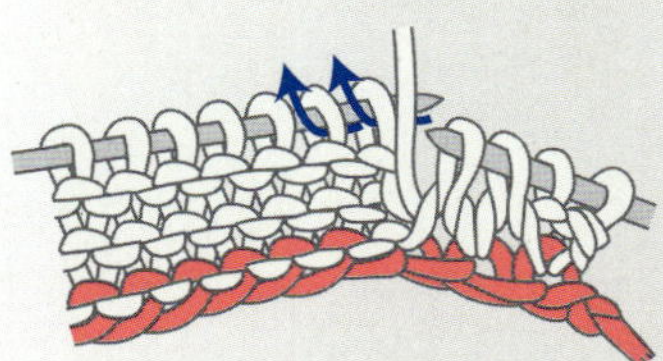

4 바늘에 걸린 코를 차례대로 안뜨기한다. ③, ④의 과정을 반복해서 뜬다.

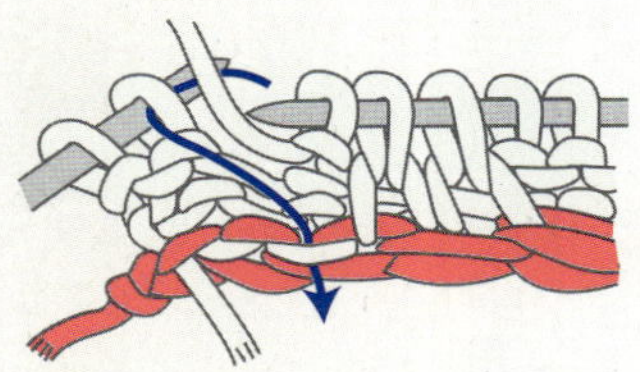

5 바늘을 화살표 방향으로 넣어 위와 아래의 코를 함께 잡는다.

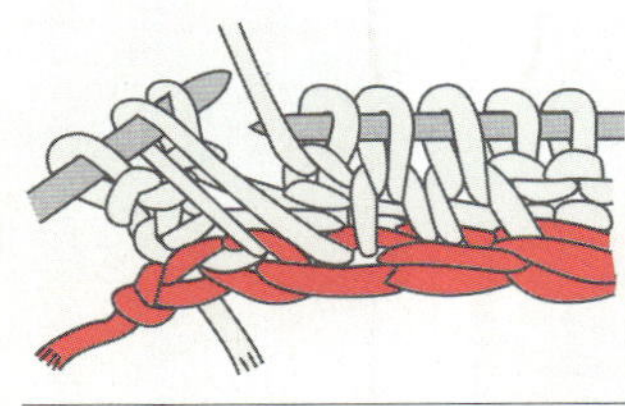

6 ⑤를 한꺼번에 안뜨기한다.

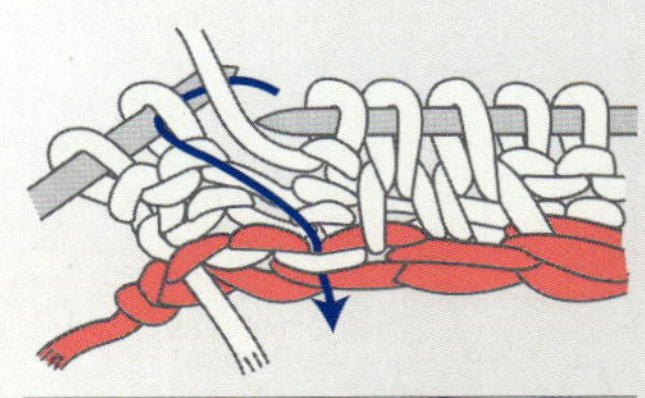

7 위아래에 남은 마지막 1코씩을 한꺼번에 안뜨기하면 완성된다.

대바늘뜨기 기본 도안

메리야스뜨기

가장 기본이 되는 뜨기 방법. 부호를 보면 겉에서 보았을 때 모두 겉뜨기로 뜬 모양이 되는데, 이를 위해서는 바깥 면에서는 겉뜨기를 뜨고 안을 보고 뜨는 단에서는 안뜨기로 뜨면 된다.

가터뜨기

바깥 면에서 겉뜨기로 뜨고 안쪽 면도 겉뜨기로만 계속 뜨는 방법. 이렇게 하면 두 단이 1개의 이랑을 만든 모양이 된다.

1코 고무뜨기

겉뜨기와 안뜨기를 1코씩 반복하면서 뜬다. 바깥 면을 뜰 때와 안쪽 면을 뜰 때 밑의 뜨는 코와 반대로 뜨면 된다. 신축성을 낼 수 있어서 끝단 처리를 할 때 주로 사용한다.

2코 고무뜨기

겉뜨기 2코와 안뜨기 2코씩을 반복하며 뜬다. 1코 고무뜨기처럼 겉과 안을 반대로 뜨며, 마찬가지로 신축성이 생기는 것이 특징이다.

멍석뜨기

바깥 면에서는 1코 고무뜨기처럼 겉뜨기 1코와 안뜨기 1코를 반복해 뜨고, 안쪽 면에서는 아랫단 코와 반대가 되는 모양이 되도록 떠서 멍석 무늬를 만든다.

기본 대바늘뜨기 기호 & 뜨는 방법

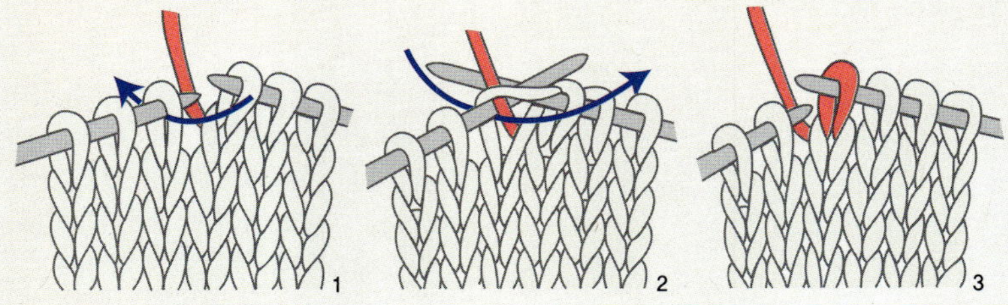

❶ 그림처럼 오른쪽 바늘을 뜨는 코의 앞에서 뒤로 넣는다.
❷ 바늘에 실을 앞에서 뒤로 돌려 건다. 이 상태에서 화살표 방향으로 바늘을 빼낸다.
❸ 실을 걸어 바늘을 앞으로 빼내 겉뜨기 1코를 완성한 모양.

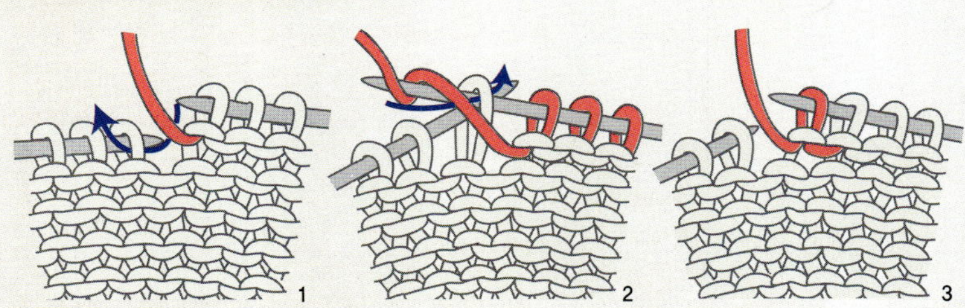

❶ 뜨는 코의 뒤에서 앞으로 오른쪽 바늘을 넣는다.
❷ 바늘 위로 실을 돌려 감은 상태에서 화살표 방향으로 바늘을 빼낸다.
❸ 실을 걸어 바늘을 뒤로 빼내 안뜨기 1코를 완성한 모양.

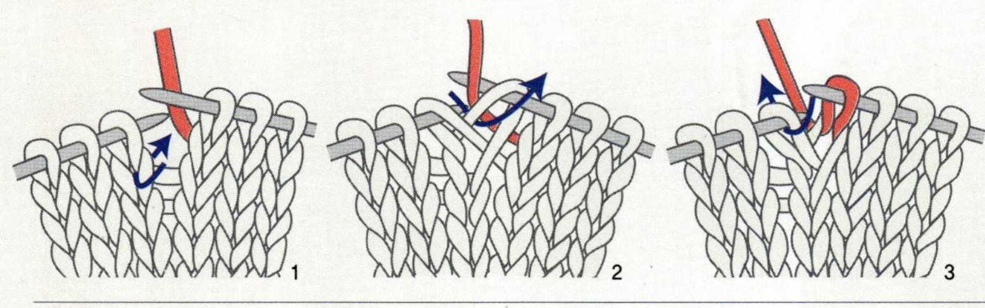

❶ 다음에 뜰 코의 밑단 코(전 단의 반 코 부분)에 화살표 방향으로 바늘을 넣는다.
❷ 그대로 끌어올리면서 실을 걸쳐 겉뜨기한다.
❸ 다음으로 왼쪽 바늘에 걸려 있는 코도 겉뜨기한다.

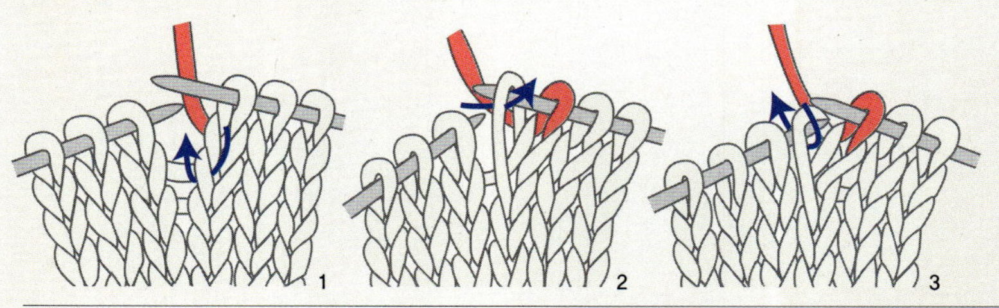

❶ 뜬 코의 2단 아래쪽 코에 화살표 방향으로 바늘을 넣는다.
❷ 주운 코를 그림처럼 오른쪽 바늘로 끌어올린다.
❸ 끌어올린 코를 왼쪽 바늘로 옮긴 다음 이 코를 겉뜨기한다.

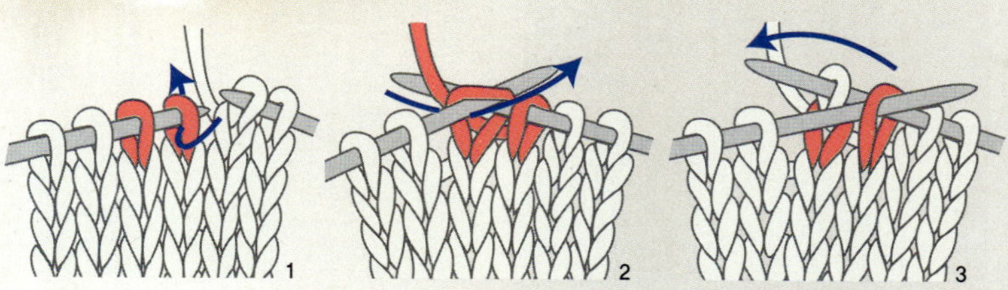

❶ 왼쪽 첫 코는 뜨지 않은 채 오른쪽 바늘로 코를 옮긴다.
❷ 다음 코는 겉뜨기한다.
❸ 옮겨두었던 오른쪽 바늘의 코를 겉뜨기한 코에 덮어씌운다.

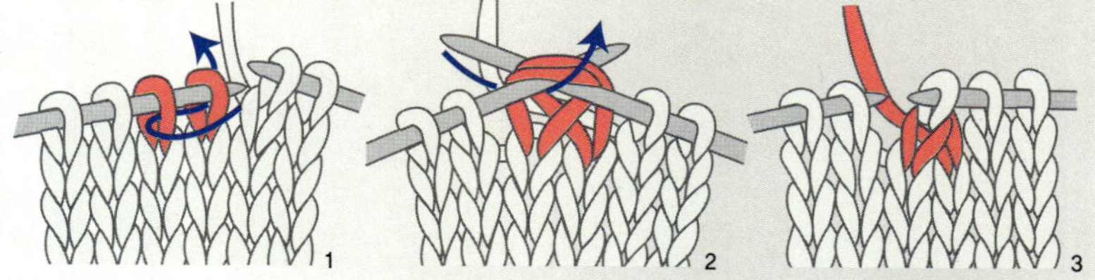

❶ 오른쪽 바늘을 왼쪽의 2코에 화살표 방향대로 한꺼번에 넣는다.
❷ 2코를 한꺼번에 겉뜨기한다.
❸ 완성된 모양.

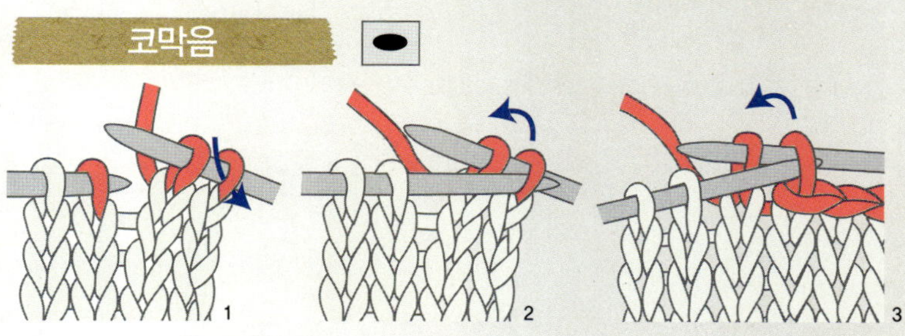

❶ 겉뜨기한 2코 중 오른쪽의 코에 왼쪽 바늘을 화살표 방향대로 넣는다.
❷ 넣은 바늘을 위로 들어올리면서 앞코를 덮어씌워 빼낸다.
❸ 다음 코도 다시 겉뜨기한 뒤 오른쪽 코를 들어올려 덮어씌우기를 반복한다.

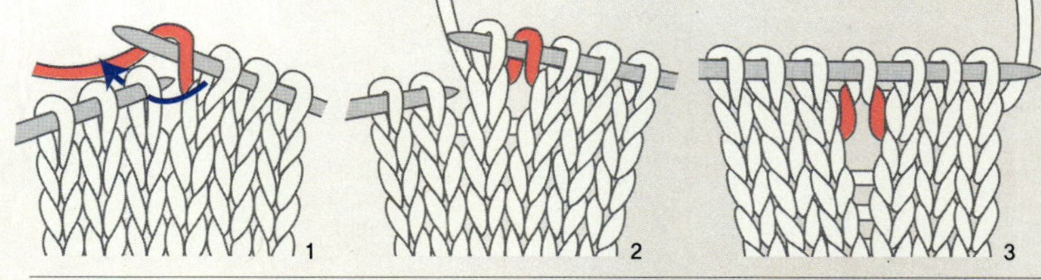

❶ 오른쪽 바늘에 실을 감은 상태에서 다음 코에 화살표 방향으로 바늘을 넣는다.
❷ 실을 걸친 채 빼낸다.
❸ 다음 코부터는 그대로 겉뜨기를 반복한다.

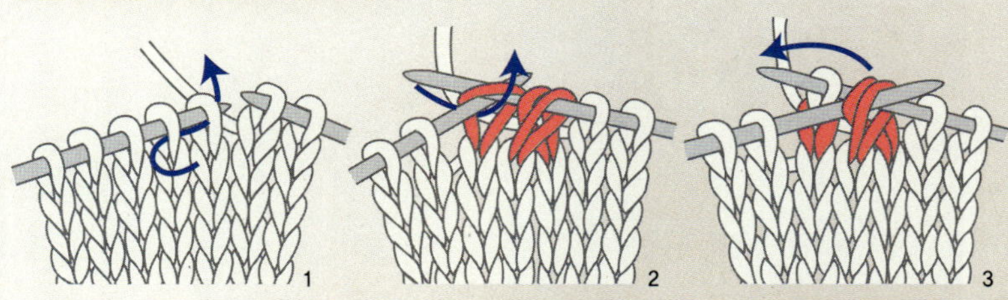

❶ 2코를 뜨지 않은 채 화살표 방향으로 바늘을 넣어 오른쪽 바늘에 옮긴다.
❷ 다음 코는 겉뜨기를 한다.
❸ 미리 옮겨둔 2코를 그림처럼 덮어씌우면 완성된다.

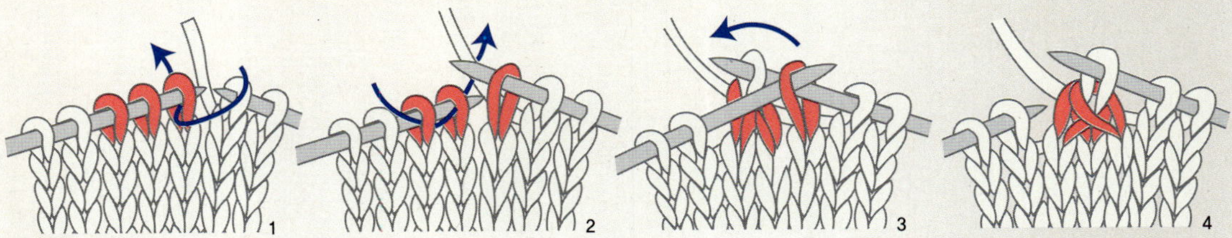

❶ 첫 코를 뜨지 않은 채 그림처럼 겉뜨기 방향으로 뺀다. ❷ 다음 2코를 한꺼번에 겉뜨기한다.
❸ 미리 옮겨둔 첫 코를 그림처럼 앞으로 덮어씌운다. ❹ 3코 모아뜨기가 완성된 모양.

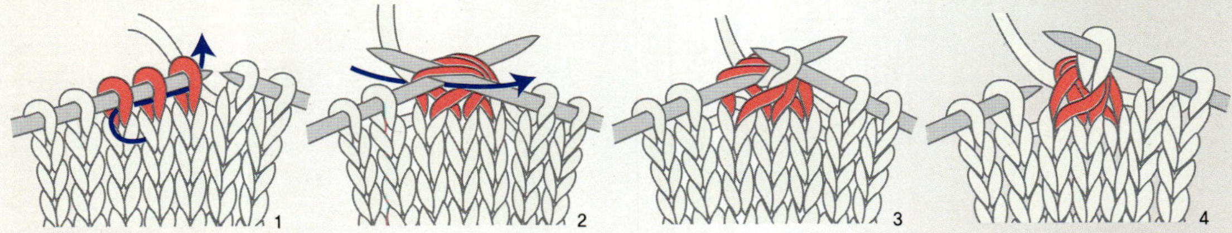

❶ 3코를 뜨지 않은 채 그대로 오른쪽 바늘에 옮긴다. ❷, ❸ 옮긴 코를 한꺼번에 겉뜨기한다. ❹ 3코 모아뜨기가 완성된 모양.

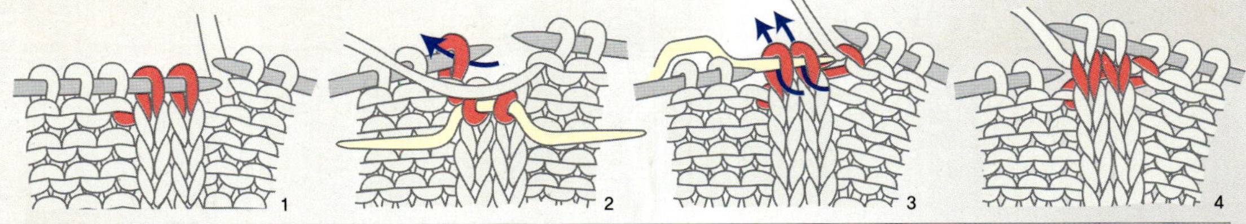

❶ 왼코 2코를 꽈배기바늘에 옮겨 앞으로 놓는다. ❷ 다음 코는 안뜨기 1코를 뜬다.
❸ 꽈배기바늘에 미리 옮겨둔 2코를 그림처럼 겉뜨기한다. ❹ 교차뜨기가 완성된 모양.

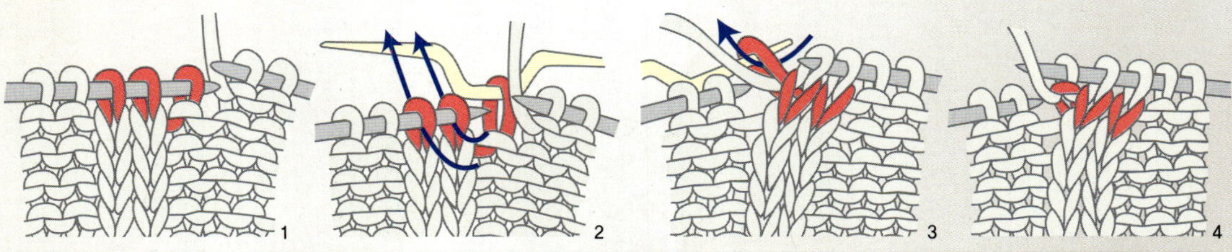

❶ 첫 번째 안뜨기 코를 꽈배기 바늘에 옮긴 다음 뒤쪽으로 놓아둔다. ❷ 다음 2코를 겉뜨기로 뜬다.
❸ 꽈배기바늘에 옮겨둔 코를 그림처럼 안뜨기로 뜬다. ❹ 교차뜨기가 완성된 모양.

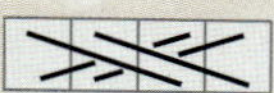

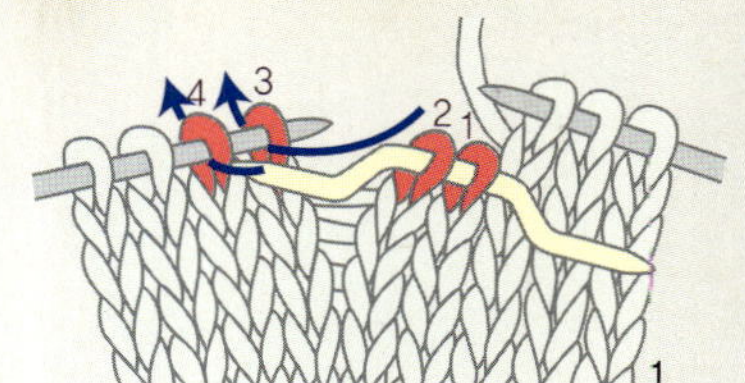  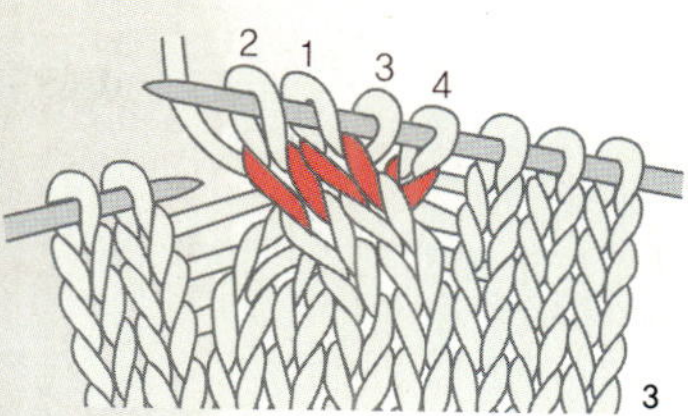

❶오른쪽 2코(1, 2번)를 꽈배기바늘에 옮겨 그림처럼 앞쪽으로 놓아둔다.
❷다음으로 3, 4번 코를 1코씩 겉뜨기한 뒤 꽈배기바늘에 옮긴 코를 1코씩 겉뜨기한다. ❸옮겨두었던 바늘을 빼내면 완성된다.

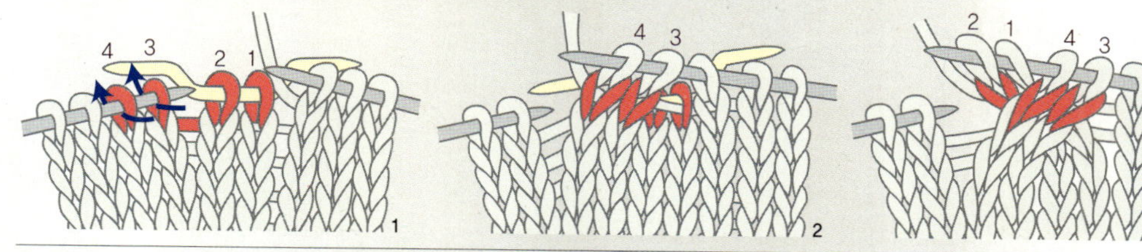

❶오른쪽 2코(1, 2번)를 꽈배기바늘에 옮겨 그림처럼 뒤쪽으로 놓아둔다.
❷3, 4번 코를 1코씩 차례대로 겉뜨기한다. ❸꽈배기바늘을 빼내면 완성된다.

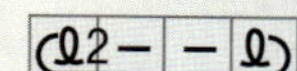

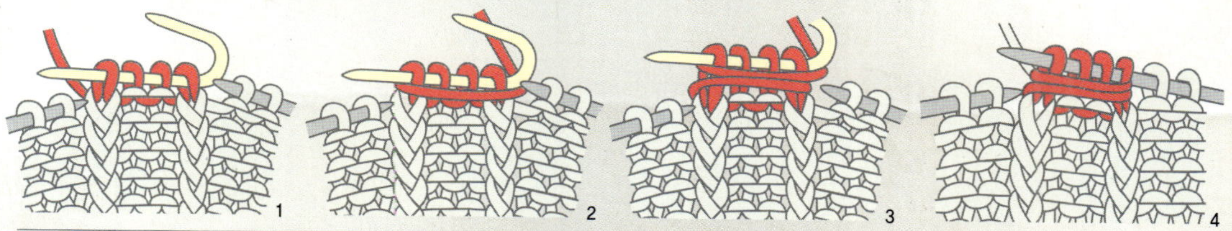

❶꽈배기바늘을 이용해서 4코를 옮겨둔다. ❷옮긴 코 전체에 그림처럼 실을 감는다.
❸같은 방법으로 실을 한 번 더 감는다. ❹이 상태에서 첫 코는 꼬아 겉뜨기, 다음 2코는 안뜨기, 마지막은 꼬아 안뜨기한다.

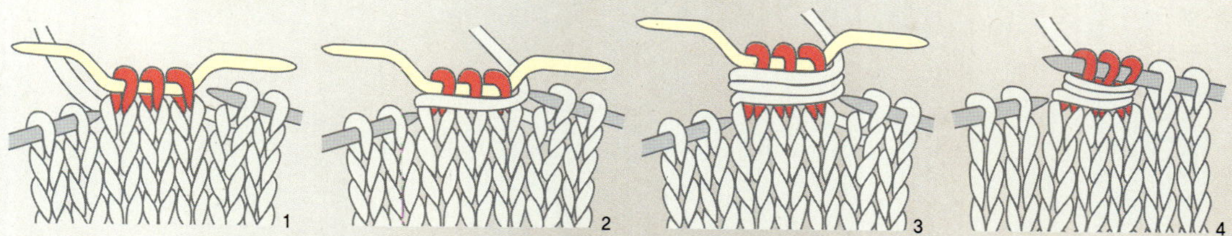

❶꽈배기바늘을 이용해서 3코를 옮겨둔다. ❷옮긴 코 전체에 그림처럼 실을 감는다.
❸같은 방법으로 실을 총 4번 감는다. ❹이 상태에서 차례대로 겉뜨기를 한다.

대바늘로 덮어씌우기

겉뜨기로 코막음하기

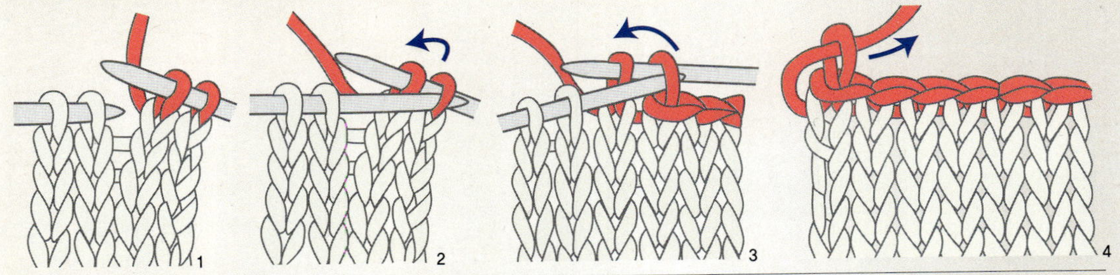

❶ 첫 코와 두 번째 코는 겉뜨기한다. ❷ 이 상태에서 뜬 오른쪽 코를 왼쪽 코에 덮어씌운다.
❸ 다음 코를 겉뜨기하고, 다시 ②처럼 덮어씌우기를 반복하면서 마지막 코까지 계속 뜬다. ❹ 실을 마지막 코 사이로 빼낸다.

안뜨기로 코막음하기

❶ 첫 코와 두 번째 코는 안뜨기한다. ❷ 이 상태에서 뜬 오른쪽 코를 왼쪽 코에 덮어씌운다.
❸ 다음 코를 안뜨기하고, 다시 ②처럼 덮어씌우기를 반복하면서 마지막 코까지 계속 뜬다. ❹ 실을 마지막 코 사이로 빼낸다.

1코 고무뜨기로 코막음하기

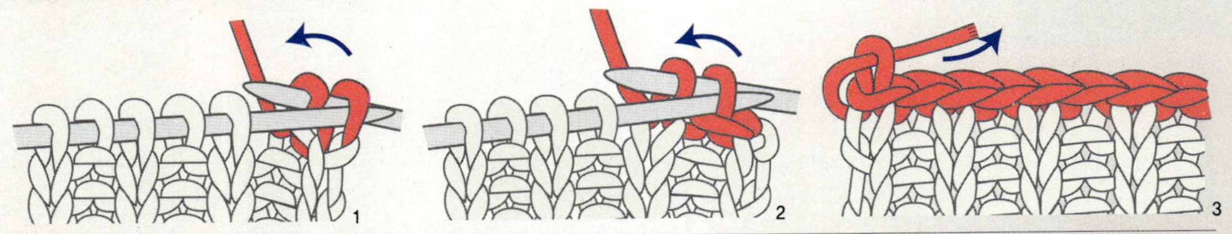

❶,❷ 겉뜨기는 겉뜨기, 안뜨기는 안뜨기로 뜨면서 같은 방법으로 덮어씌우며 코를 막는다. ❹ 실을 마지막 코 사이로 빼낸다.

돗바늘로 마무리하기

1코 고무뜨기 원통뜨기

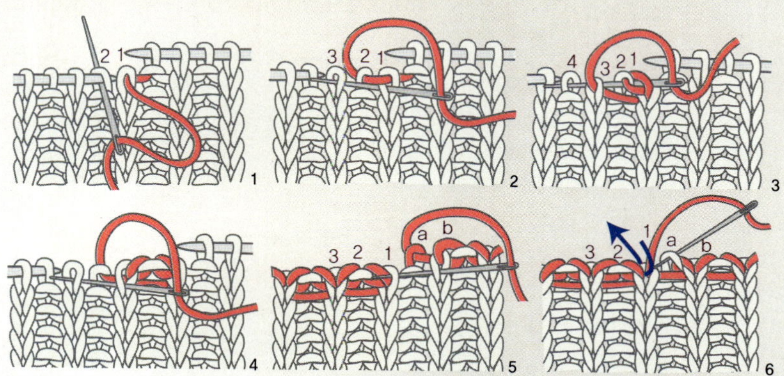

❶ 시작 코인 첫 코는 뒤에서 앞으로. 다음 코는 앞에서 뒤로 돗바늘을 넣는다.

❷ 그림처럼 1의 코 앞에서 바늘을 넣은 뒤 3의 코 뒤에서 앞으로 바늘을 넣는다(겉뜨기끼리).

❸ 다음은 2의 코 뒤에서 바늘을 넣고, 4의 코는 앞에서 뒤로 바늘을 빼낸다(안뜨기끼리).

❹ ②, ③의 과정을 반복한다.

❺ 겉뜨기 코 b와 시작 코 1을 연결한다(겉뜨기끼리).

❻ 안뜨기 코 a와 2도 연결한다.

1코 고무뜨기 평뜨기

오른쪽 시작이 겉뜨기 1코 (~|−|−|−|)

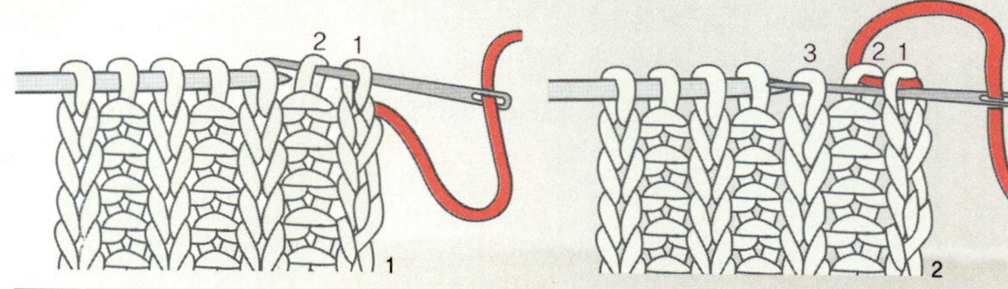

❶ 첫 코는 바늘을 뒤에서 앞으로 넣고, 다음 코 2는 앞에서 뒤로 넣는다.

❷ 겉뜨기 코 1과 3을 연결한다. 1은 앞에서 뒤로, 3은 뒤에서 앞으로 바늘을 넣는다. 2와 4도 안뜨기끼리 연결한다(위의 원통뜨기를 참고).

오른쪽 시작이 겉뜨기 2코 (~|−|−|−||)

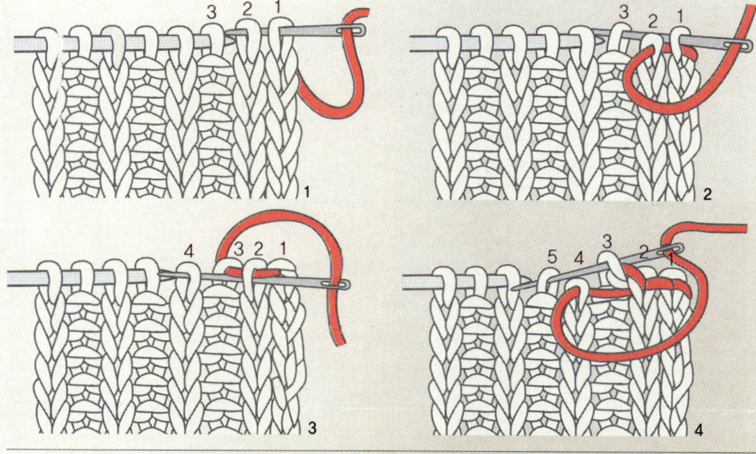

❶ 첫 코인 겉뜨기 코의 앞에서 바늘을 넣어 다음 코 2의 뒤에서 앞으로 바늘을 뺀다.

❷ 1의 코 앞에서 바늘을 넣고 3의 안뜨기 코 앞에서 뒤로 바늘을 빼낸다.

❸ 그림처럼 2와 4의 겉뜨기 코끼리 연결한다.

❹ 마찬가지로 3과 5의 안뜨기 코끼리 연결한다.

왼쪽 끝이 겉뜨기 1코 (~|–|–|–||)

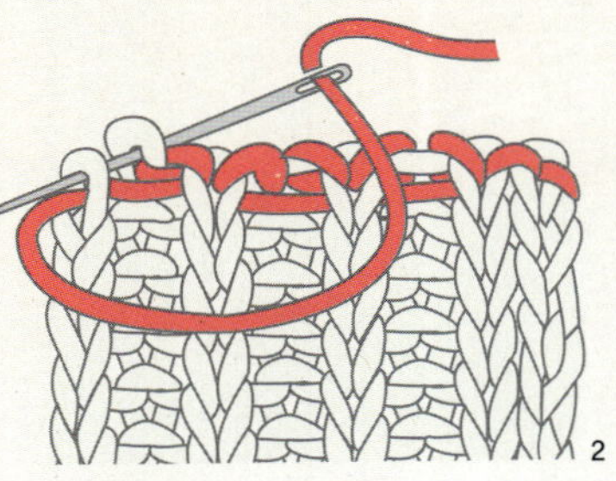

❶ 마지막의 겉뜨기 코끼리 연결한다.
❷ 마지막 안뜨기 코는 뒤에서 앞으로 바늘을 넣고, 마지막 겉뜨기 코의 뒤에서 앞으로 바늘을 뺀다.

왼쪽 끝이 겉뜨기 2코 (||–|–|–|–~)

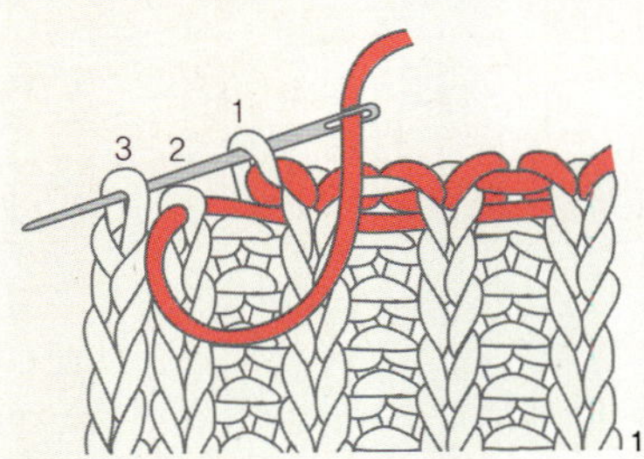

❶ 마지막 안뜨기 코인 1의 뒤에서 앞으로, 겉뜨기 코인 3의 뒤에서 앞으로 바늘을 빼낸다.
❷ 2의 앞에서 뒤로, 3의 뒤에서 앞으로 바늘을 빼낸다.

오른쪽 시작이 겉뜨기 2코 (~ ––||––||)

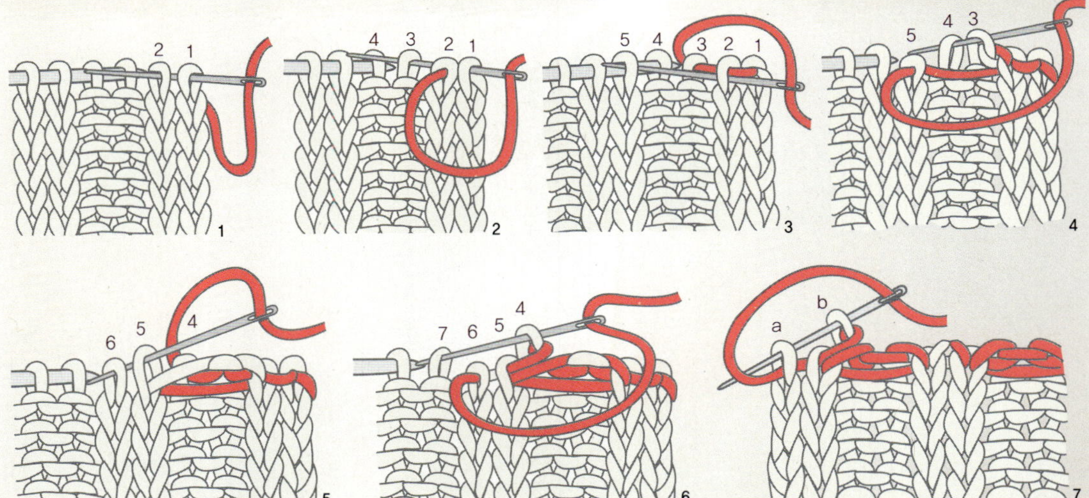

❶ 첫 코는 앞에서 뒤로, 다음 코는 뒤에서 앞으로 바늘을 넣어 빼낸다. ❷ 1의 코 앞에서 바늘을 넣고 3의 코도 앞에서 뒤로 바늘을 넣는다. ❸ 2의 코 앞에서 바늘을 넣고 5의 코 뒤에서 앞으로 빼내어 겉뜨기 코끼리 연결한다.
❹ 다음으로 3, 4의 안뜨기 코끼리 연결한다. ❺ 5, 6의 겉뜨기 코끼리 연결한다. ❻ 4, 7의 안뜨기 코끼리 연결하고 이 과정을 계속 반복한다. ❼ 마지막에는 b코 뒤에서 앞으로, a코 뒤에서 앞으로 바늘을 빼낸다.

오른쪽 시작이 겉뜨기 3코 (~ --||--|||)

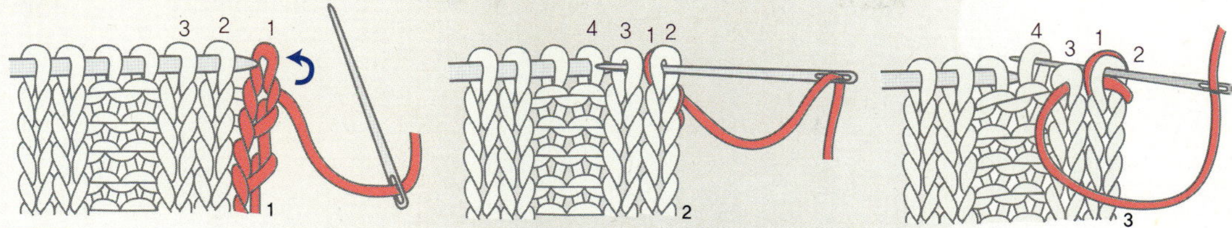

❶ 첫 코는 화살표 방향으로 뒤집은 뒤 돗바늘에 끼운다. ❷ 1, 2번 코를 그림처럼 한꺼번에 앞에서 뒤로 바늘에 통과시키고, 3의 코를 안뜨기 하듯이 뒤에서 앞으로 통과시킨다. ❸ 1의 코와 4의 안뜨기 코를 연결한다.

왼쪽 끝이 겉뜨기 3코 (|||--||--|| ~)

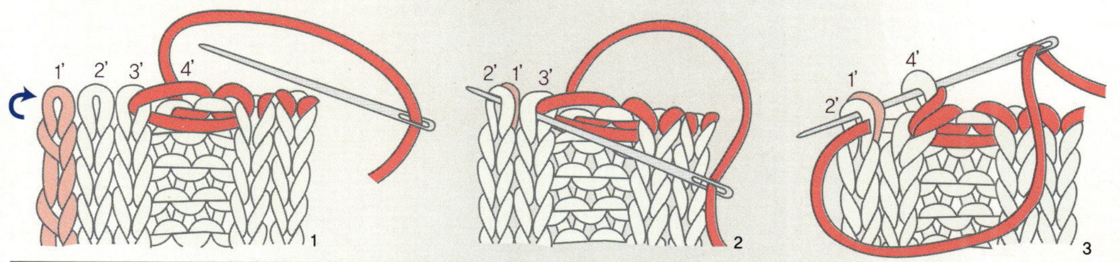

❶ 우선 마지막 코인 1'와 2'의 순서를 바꿔둔다. ❷ 그림처럼 3'코와 마지막 2코를 연결한다. ❸ 안뜨기 코인 4'와 마지막 코를 연결해 마무리한다.

2코 고무뜨기 원통뜨기

❶ 시작 코 1은 뒤에서 앞으로 바늘을 빼낸다. ❷ 그림처럼 안뜨기 코 a의 앞에서 뒤로 바늘을 넣는다. ❸ 겉뜨기 코끼리 연결한다. 1은 앞에서 뒤로, 2는 뒤에서 앞으로 바늘을 빼낸다. ❹ 마지막 a코의 뒤에서 앞으로 바늘을 넣고, 3의 안뜨기 코 앞에서 뒤로 바늘을 넣는다. ❺ 그림처럼 2와 5의 겉뜨기 코끼리 연결하고 3, 4코의 안뜨기 코도 연결한다. 이것을 계속 반복한다. ❻ 마지막으로 겉뜨기 코 c와 1을 연결한 다음 b와 a의 안뜨기 코끼리 연결하면 완성된다.

꿰매는 법

메리야스뜨기 꿰매기

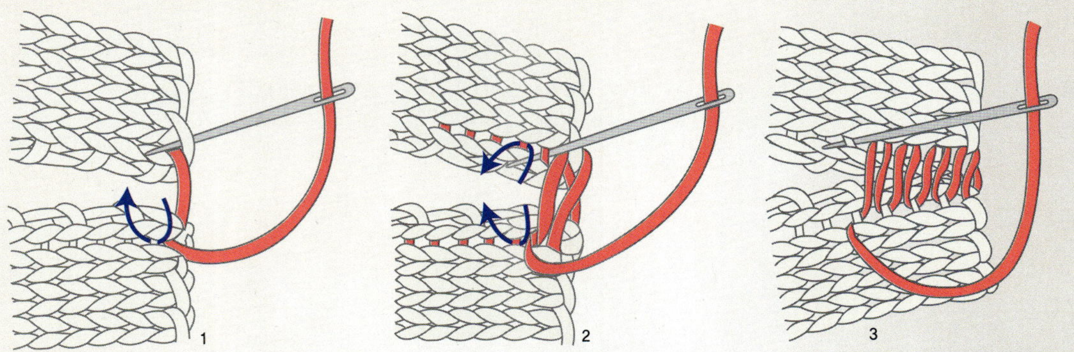

❶ 돗바늘을 이용해 실이 달려 있지 않은 부분의 끝쪽을 건다. ❷ 이 상태에서 시접코 1코의 안쪽 가로줄을 각 단마다 연결한다.
❸ 같은 과정을 반복해 꿰매면서 적당히 잡아당겨 고정한다.

가터뜨기 꿰매기

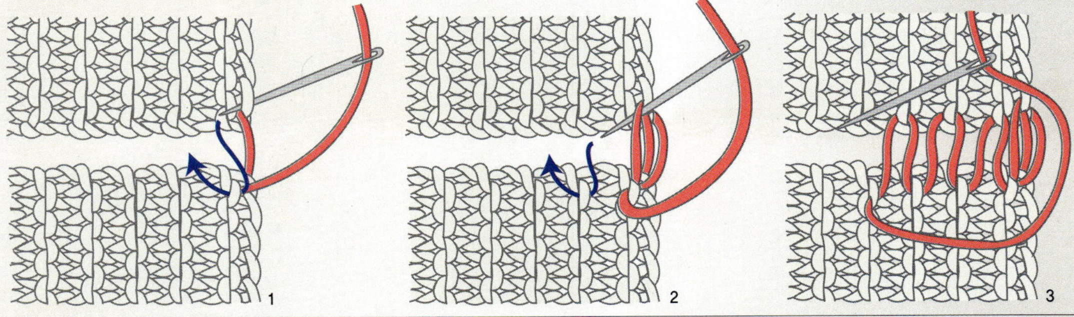

❶ 우선 뜨개판의 양쪽을 겉면이 보이도록 나란히 놓는다. 첫 코 안쪽의 실을 건 뒤 잡아당긴다.
❷ 한쪽은 아래로 볼록한 실을 걸고 다른 한쪽은 위로 볼록한 실을 걸면서 적당히 잡아당긴다.
❸ ②의 과정을 반복하면 2개의 뜨개판이 연결된다.

잇는 법

메리야스 잇기

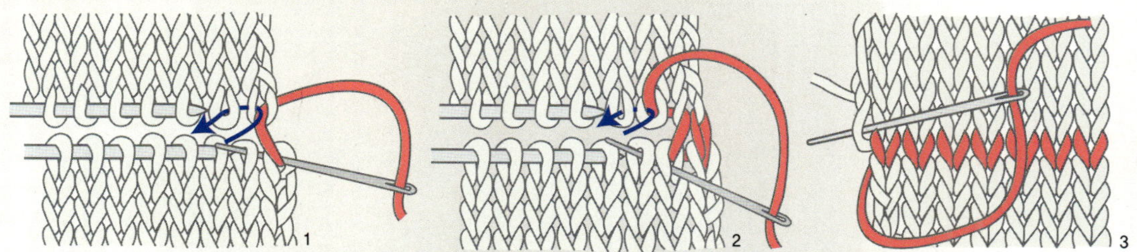

❶ 실이 달린 쪽의 끝코를 안뜨기하듯이 뺀 뒤 반대쪽의 첫 코는 바늘을 뒤에서 앞으로 뺀다. 그림처럼 앞쪽 2코에 바늘을 넣는다.
❷ 반대쪽의 위 2코를 연결하고, 다시 앞쪽 2코를 그림처럼 연결해준다.
❸ ①, ②의 과정을 반복하면서 계속 연결해간다. 위쪽의 마지막 반 코에 바늘을 넣어서 마무리한다.

안메리야스 잇기

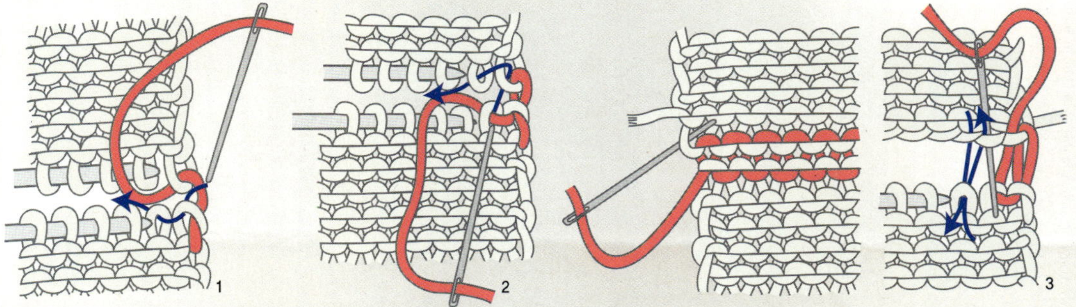

❶ 실이 달린 쪽의 앞쪽 첫 코를 겉뜨기하듯 뺀다. 위쪽 첫 코에 안뜨기하듯이 뒤에서 앞으로 빼낸 다음, 아래쪽 1번 코의 뒤에서 앞으로, 다음 코의 앞에서 뒤로 바늘을 빼낸다. ❷ 그림을 참고해 위쪽 첫 코 앞에서 뒤로 나오고 다음 코의 뒤에서 앞으로 빼낸다. 이 과정을 반복한다. ❸ 화살표 방향대로 진행하면서 위쪽의 마지막 반 코를 걸어오면 마무리된다.

덮어씌워 잇기

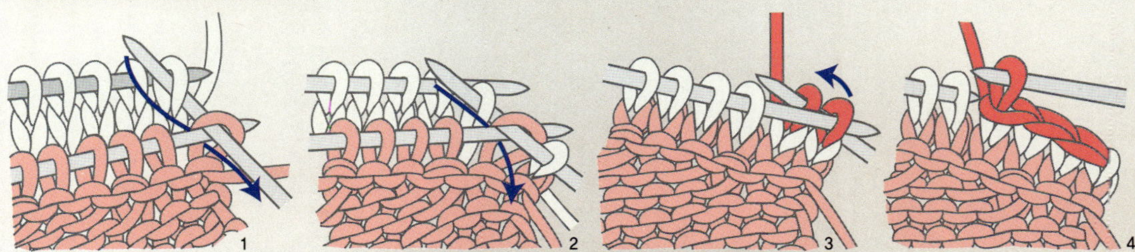

❶ 그림처럼 뒤쪽의 코를 앞쪽 코 사이로 빼낸다. ❷ 다음 두 번째 코 역시 앞쪽 코 사이로 빼낸다.
❸ ②를 덮어씌우기한다. ❹ ②, ③의 과정을 반복하면 잇기가 완성된다.

오른쪽 어깨처짐을 할 때

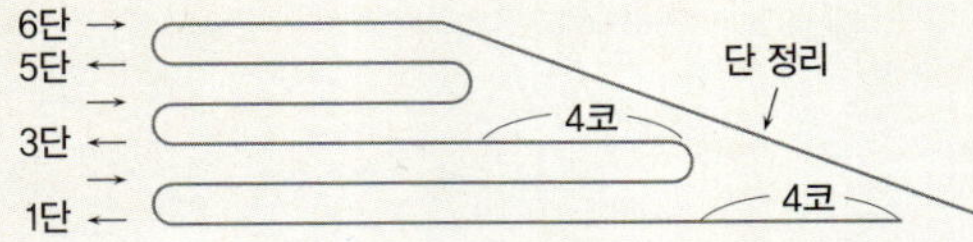

❖ 과정 설명은 2-4-2(4코)을 기준으로 한 것.

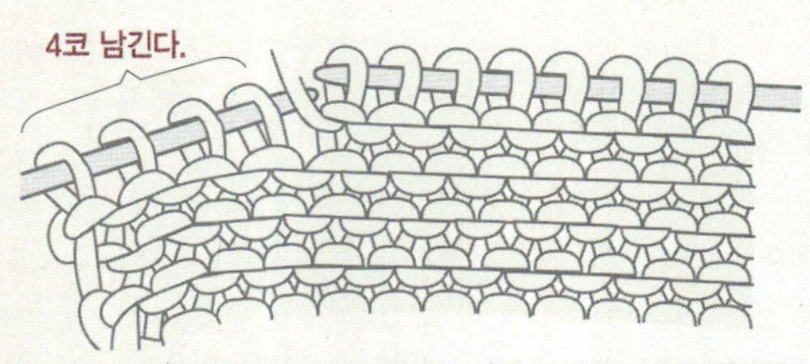

1 첫 번째 단을 겉뜨기로 뜬 뒤 두 번째 단은 끝의 4코를 남기고 안뜨기로 뜬다.

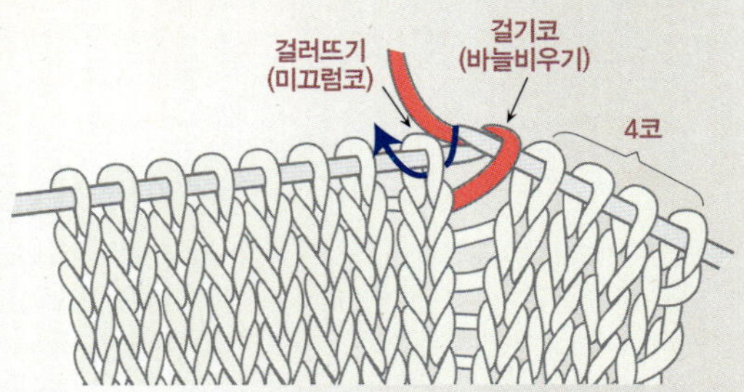

2 셋째 단은 전 단에서 남겨둔 4코 다음 실을 한 번 감아서 걸기코를 만든다. 다음 코를 뜨지 않은 채 오른쪽 바늘로 옮길 것(미끄럼코). 이후로 계속 겉뜨기한다.

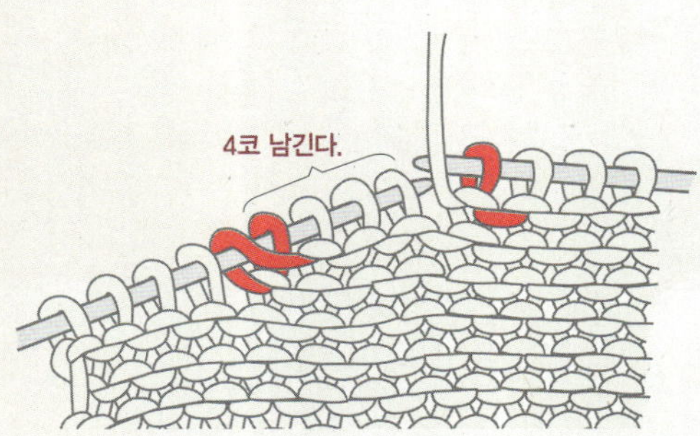

3 다음 단에서는 다시 그림처럼 4코를 남긴 채 되돌린다.

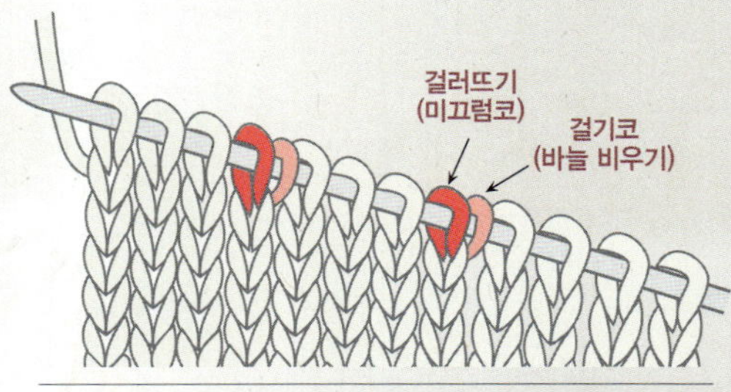

4 다섯 번째 단은 다시 남긴 4코 다음 실을 한 번 감아서 걸기코를 만든다. 다음 코를 뜨지 않은 채 옮기고, 이후로 계속 겉뜨기한다.

5 다음 단(여섯 번째 단)은 미끄럼코와 그 다음 코의 순서를 바꾸면서 한꺼번에 안뜨기로 뜬다.

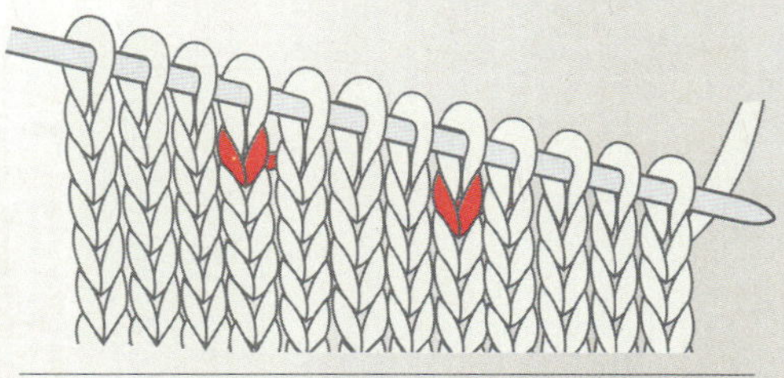

6 어깨 경사가 생긴 완성 모양.

왼쪽 어깨처짐을 할 때

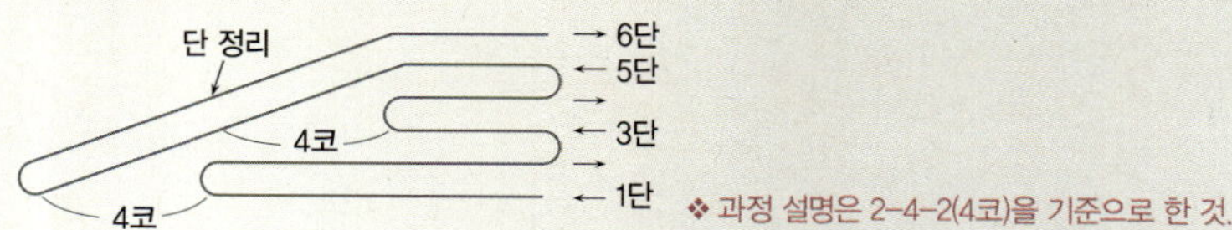

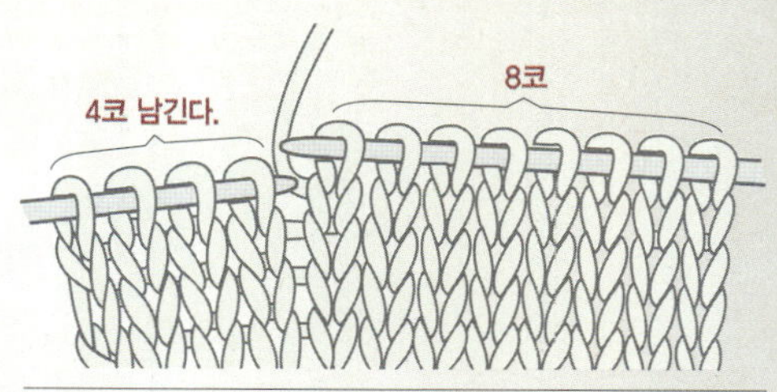

1 첫 번째 단을 겉뜨기로 뜬 뒤 두 번째 단은 끝의 4코를 남기고 안뜨기로 뜬다(오른쪽 어깨에서 첫째 단 겉뜨기 12코를 떴을 때를 기준으로 한 것).

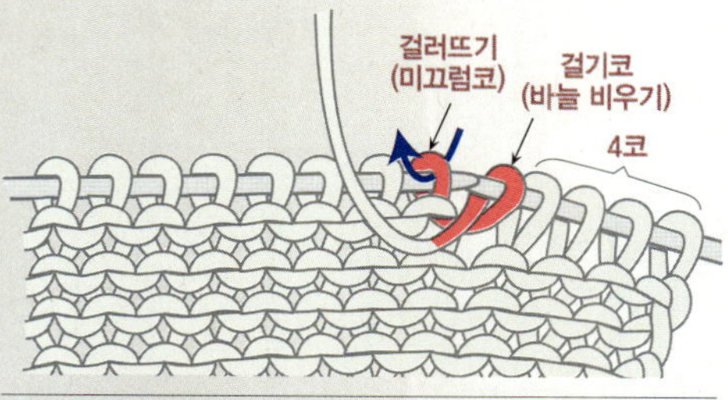

2 둘째 단은 남긴 4코 다음 실을 한 번 감아서 걸기코를 만든다. 다음 코를 뜨지 않은 채 오른쪽 바늘로 옮긴다.

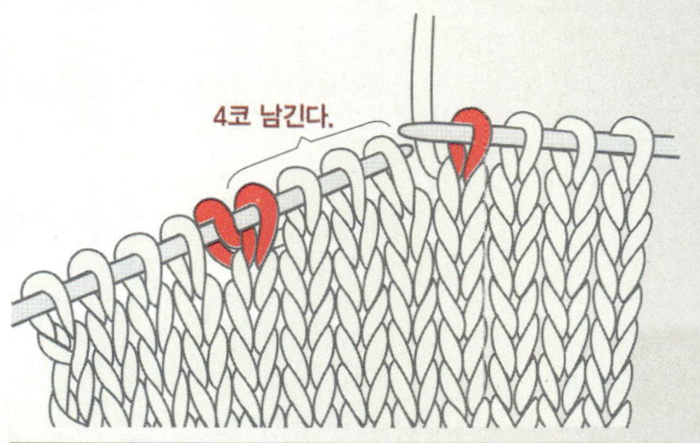

3 셋째 단에서는 그림처럼 다시 4코를 남긴 채 뒤집는다.

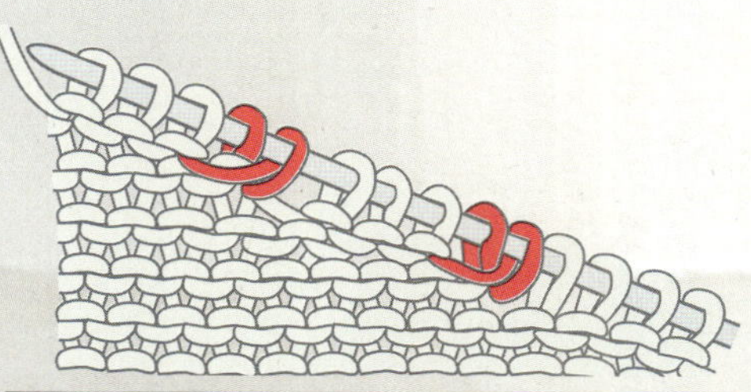

4 넷째 단은 다시 걸기코와 미끄럼코를 만든다. 이어서 계속 안뜨기로 뜬다.

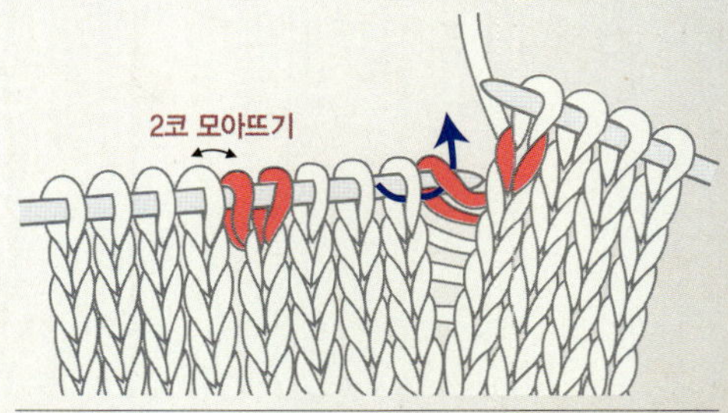

5 마무리하는 단은 미끄럼코까지 뜬 다음, 걸기코와 그 다음 코를 한 번에 뜬다.

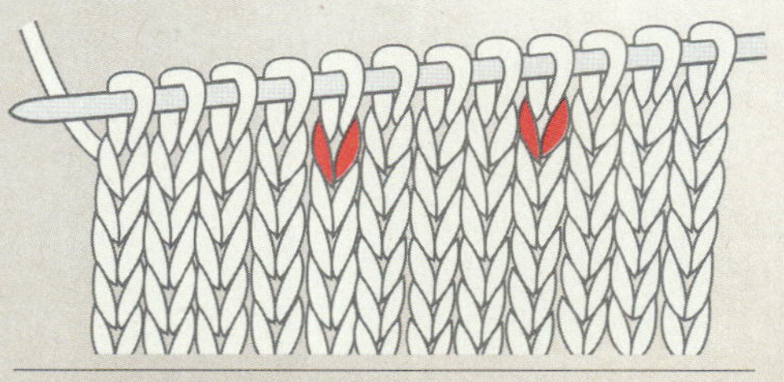

6 어깨 경사가 생긴 완성 모양. 마지막의 여섯 번째 단은 안뜨기로 1단을 뜨면 된다.

목둘레 코 줍기

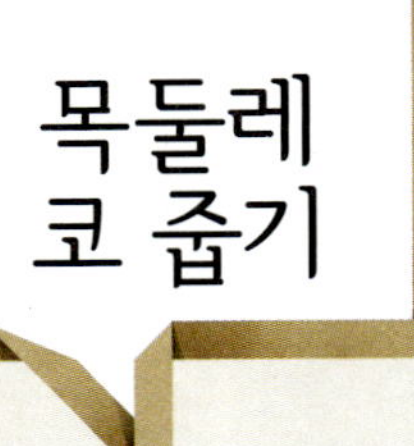

코 줍는 방법

목둘레 코를 주울 때는 몸판보다 0.5~1mm 정도 가는 바늘을 이용하는 것이 좋다. 이와 함께 가로 단은 1코 안쪽, 곡선과 사선 부분은 몸판의 코 줄인 부분을 코 줍기해주는 것이 부드러운 라인을 만드는 포인트가 된다.

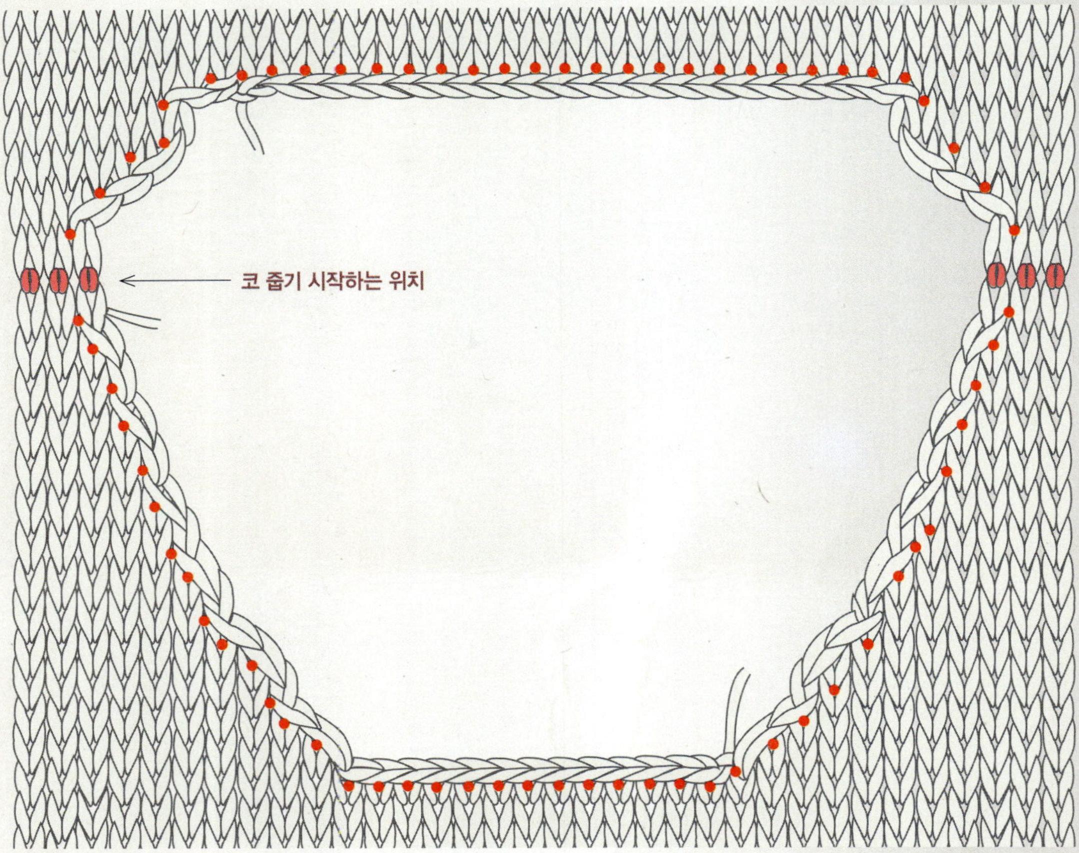

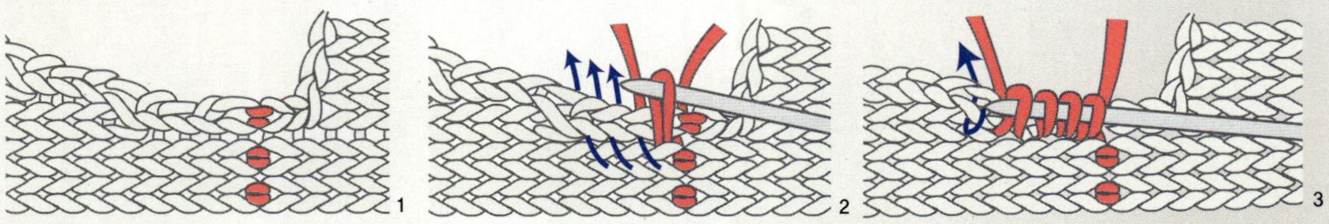

❶ 몸판의 겉면을 위가 되도록 놓는다. 이 상태에서 어깨를 이은 부분부터 코 줍기를 시작하도록 한다.
❷ 그림처럼 1코 안쪽 단의 구멍에 맞춰 바늘을 넣은 뒤 실을 걸어서 빼낸다.
❸ 코줄임 부분의 경우에는 아래쪽 코의 가운데에 바늘을 넣도록 한다.

details

▼ 코줄임을 한 사선에서 코 줍는 위치　　　▼ 꼬아뜨기로 코늘림한 사선에서 코 줍는 위치

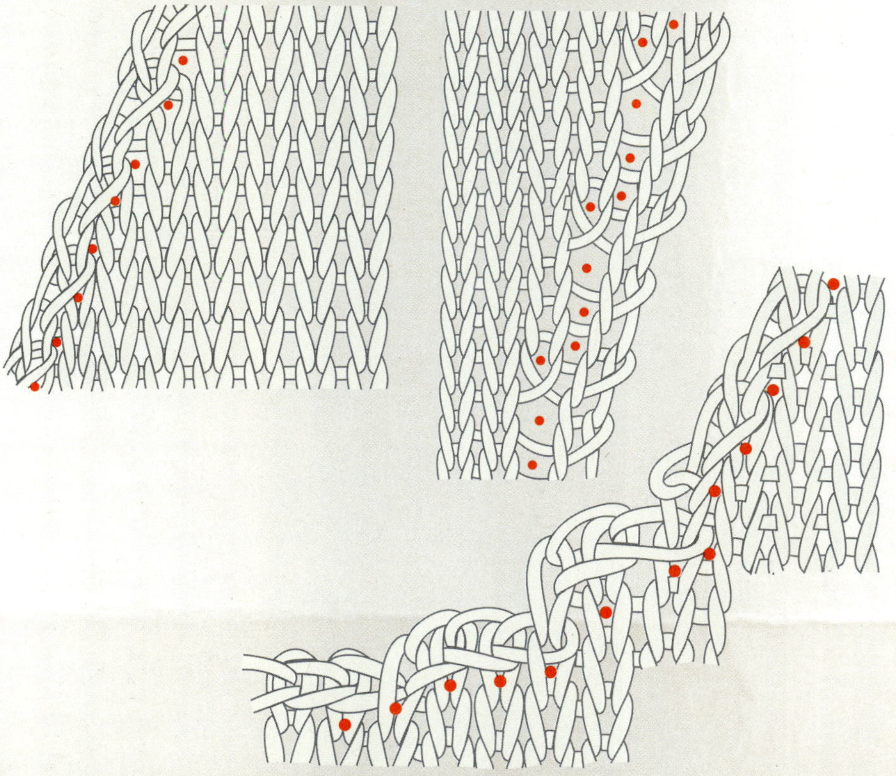

▲ 목 라인에서 코 줍는 위치

❹ 줄임이 없다면 1코마다 1코씩 코를 줍는 것이 기본이다.

❺ 1단 코 줍기가 완성되면 좌우 곡선의 주운 코 수를 맞추면서 전체 콧수를 센다.

❻ 다음 단부터는 가장자리뜨기를 참고해 둥근 형태로 뜬다.

코 만드는 법

시작코 만드는 법

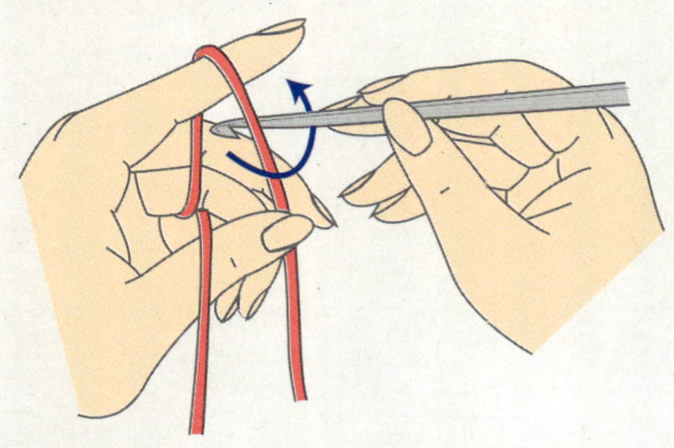

1 그림처럼 실을 잡은 뒤 실 뒤쪽에 바늘을 대고
화살표 방향으로 바늘을 한 번 회전해 건다.

2 실을 걸어 바늘로 돌렸을 때
의 모양.

3 화살표 방향을 따라 고리 속
으로 실을 빼낸다.

4 실 끝단을 당겨 코를 조였을
때 첫 번째 시작 코가 완성된
모양이다. 단 코바늘뜨기에
서 코를 셀 때 뜨기 시작하는
코는 기초코로 세지 않는다.

사슬코 만들기

1 그림처럼 기초코를 잡는다.

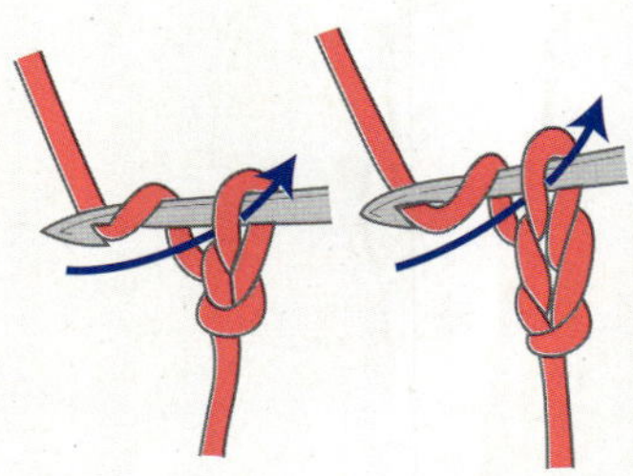

2 바늘에 실을 건 뒤 화살표 방향
으로 실을 걸어 빼낸다.

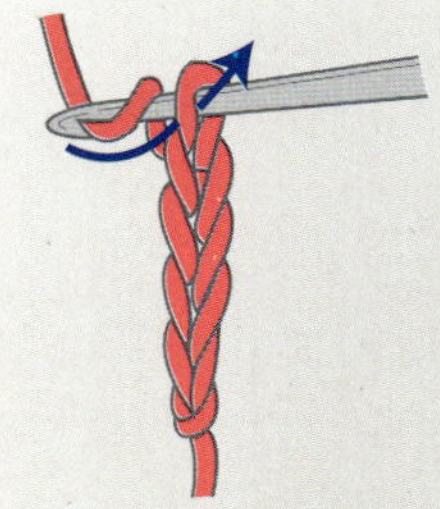

3 필요한 콧수만큼 코를 잡는다.

완성된 겉쪽의 모양

완성된 안쪽의 모양

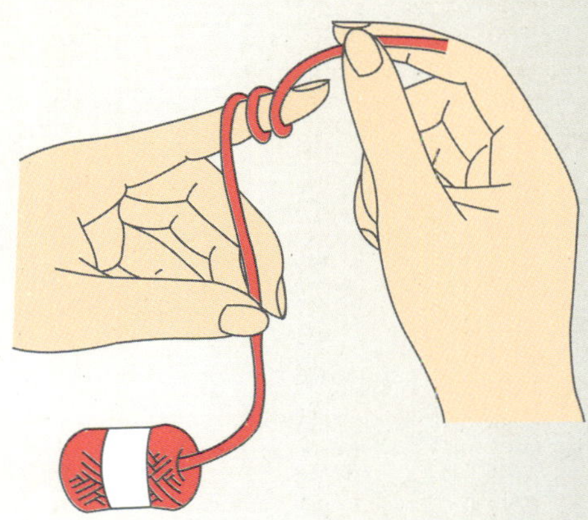

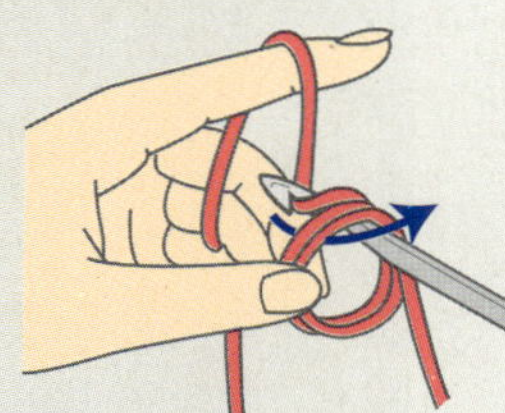

2 실타래를 잡은 상태에서 링 중앙에 코바늘을 넣은 다음, 실을 걸어 화살표 방향으로 빼낸다.

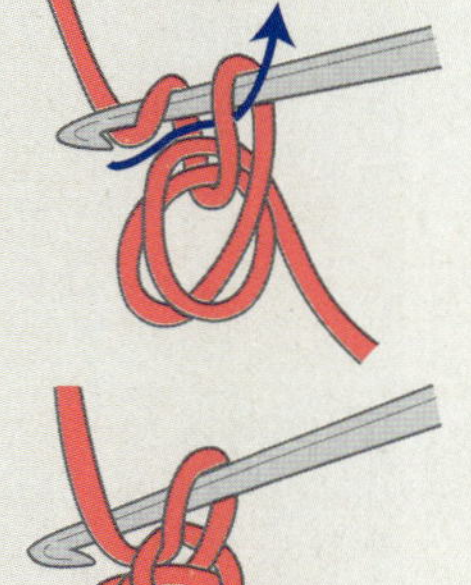

3 그림처럼 다시 실을 감아 링 안쪽에서 바늘을 빼내면서 처음 세우는 시작 코를 뜬다.

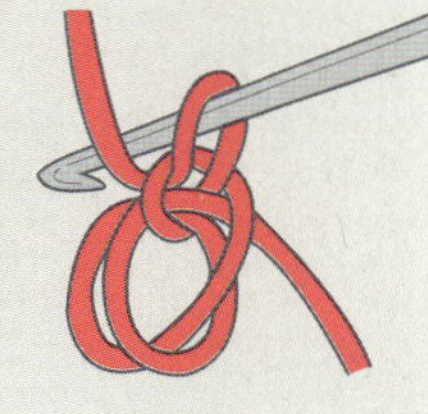

4 완성된 모양. 중심 링에 바늘을 넣어 1단에 필요한 콧수를 만들면 된다.

1 왼손 검지에 실을 2번 돌려 감는다. 이것을 빼낸 상태에서 다시 왼손 엄지와 중지로 바꿔 잡는다 (오른손잡이 기준).

원형으로 시작코 만드는 법 2.

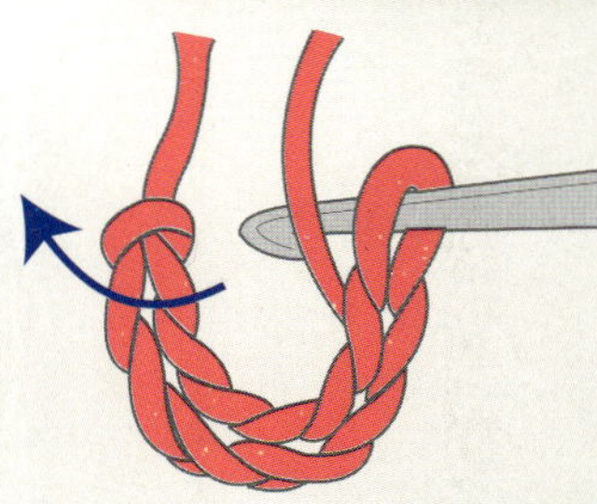

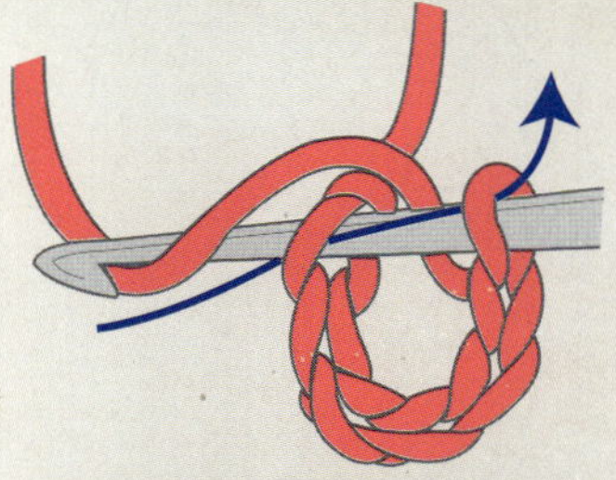

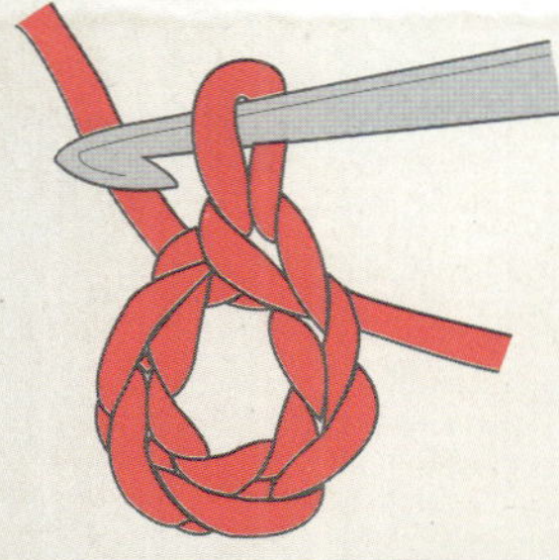

1 우선 기본 코를 잡은 뒤 사슬코로 원하는 만큼의 코를 잡는다. 사슬코 만들기는 앞 페이지를 참고하도록.

2 사슬코 첫 코에 그림처럼 바늘을 넣는다.

3 바늘에 실을 건 뒤 고리 사이로 빼낸다.

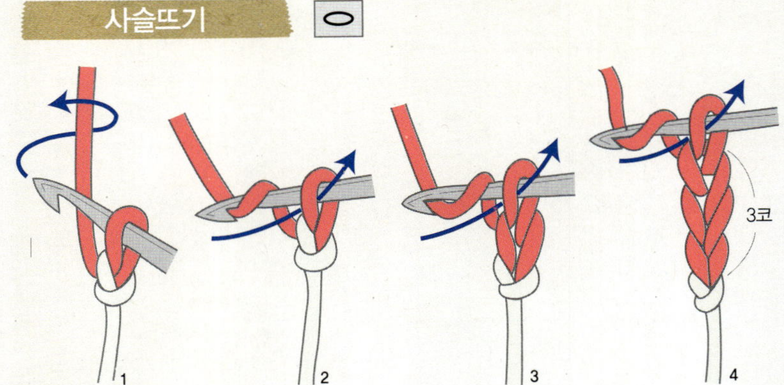

❶ 바늘을 코에 끼우고 화살표 방향으로 실을 감는다.
❷ 바늘을 돌려서 고리 속으로 실을 빼낸다.
❸ 같은 과정을 반복한다.
❹ 사슬 3코를 완성한 모양.

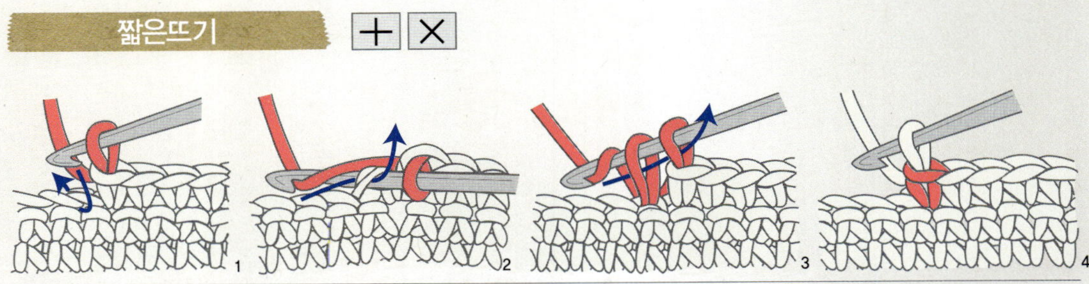

❶ 화살표 방향으로 바늘을 돌려 건 뒤 고리 속으로 실을 빼낸다. ❷ 실을 건 뒤 2코째를 빼낸다. 이 과정을 계속해서 반복한다.
❸ 다시 실을 건 뒤 바늘에 걸려 있는 2코 사이로 빼낸다. ❹ 짧은뜨기가 완성된 모양.

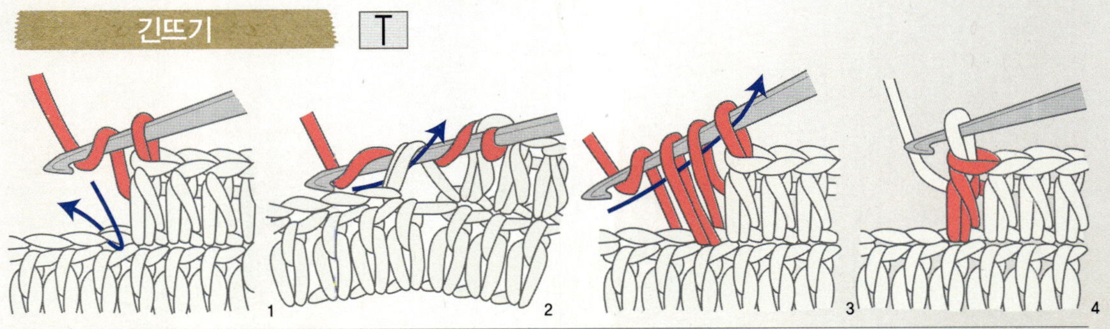

❶ 바늘에 실을 감는다.
❷ 밑단 코에 바늘을 넣은 상태에서 그림처럼 실을 감아 화살표 방향으로 빼낸다.
❸ 다시 실을 건 다음, 바늘에 건 3코 사이로 모두 빼낸다. ❹ 긴뜨기가 완성된 모양.

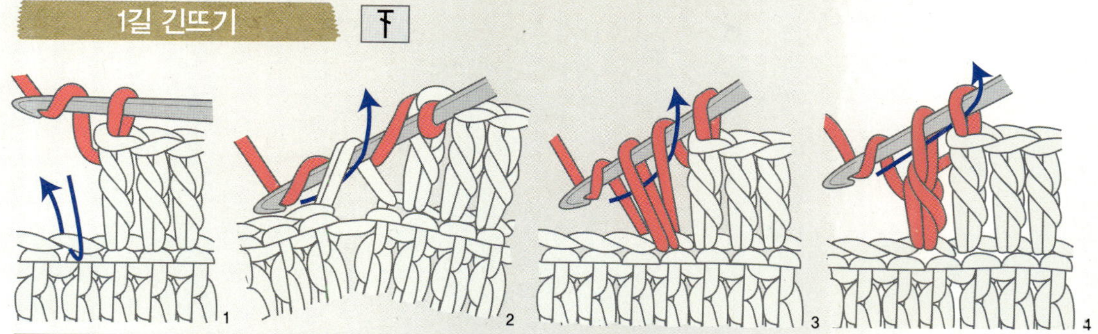

❶ 우선 바늘에 실을 한 번 감는다. ❷ 밑단의 코에 바늘을 넣은 뒤 실을 감아 빼낸다.
❸ 실을 감아 바늘에 걸린 2코 사이로 한꺼번에 빼낸다. ❹ 다시 실을 감아 남은 2코 사이로 빼낸다.

되돌아 짧은뜨기

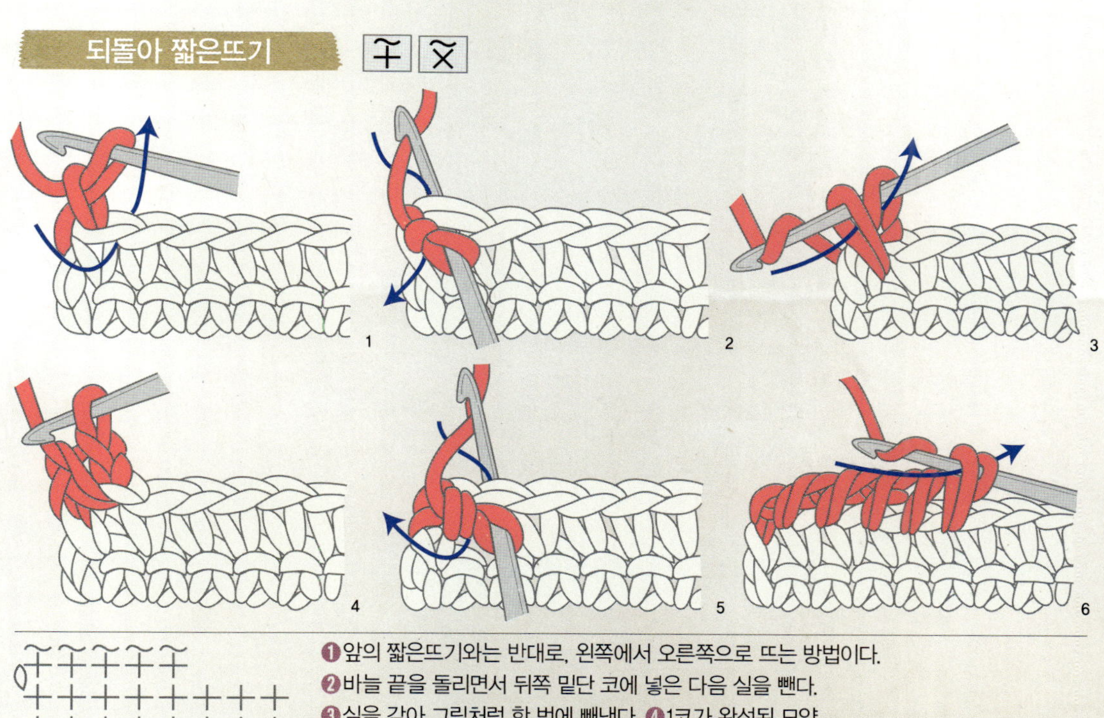

❶ 앞의 짧은뜨기와는 반대로, 왼쪽에서 오른쪽으로 뜨는 방법이다.
❷ 바늘 끝을 돌리면서 뒤쪽 밑단 코에 넣은 다음 실을 뺀다.
❸ 실을 감아 그림처럼 한 번에 빼낸다. ❹ 1코가 완성된 모양.
❺ 다시 다음 코에 바늘을 넣으면서 그림처럼 실을 끌어낸다. ❻ 같은 방법으로 계속 뜬다.

How to make
책에 소개한 작품 도안과 뜨는 법

옷에서 소품까지, 책에 소개한
작품들의 도안과 뜨는 법을 담았습니다.
상의 아이템의 경우는 대부분
어떤 체형이든 소화할 수 있는
프리 사이즈인 것이 특징입니다.
남성용 옷 역시 여성이 박시한 스타일로
입어도 잘 어울립니다.
단 피트한 느낌의 옷은 55 사이즈가
기본인 만큼 마른 체형인 분들께 권합니다.

벌룬 소매 블랙 풀오버

PAGE ······ **12p.**

완성치수
- 가슴둘레 : 프리 사이즈
- 옷길이 : 60cm
- 어깨너비 : 35cm

뒤판 뜨기

1. 모헤어 1겹과 메리노울 1겹을 동시에 사용해서 6mm 대바늘로 123코 잡아 무늬뜨기 26단을 뜬다.

2. 5.5mm 대바늘로 바꿔 무늬뜨기 28단, 5mm 대바늘로 30단, 4.5mm 대바늘로 30단, 4mm 대바늘로 32단을 계속 이어서 뜬다.

3. 남은 123코는 양쪽 시접 1코씩을 제외한 모든 코를 2코씩 왼코 겹쳐뜨기로 뜨면서 코막음한다.

앞판 뜨기

1. 6mm 대바늘로 123코 잡아 무늬뜨기로 26단을 뜬다.

2. 5.5mm 대바늘로 바꿔 무늬뜨기 28단, 5mm 대바늘로 30단, 4.5mm 대바늘로 30단, 4mm 대바늘로 18단을 계속 이어서 뜬다.

3. 남은 123코는 양쪽 시접 1코씩을 제외한 모든 코를 2코씩 왼코 겹쳐뜨기로 뜨면서 코막음한다.

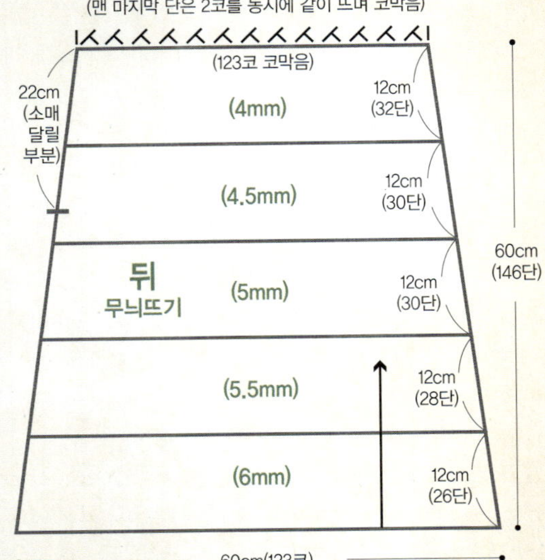

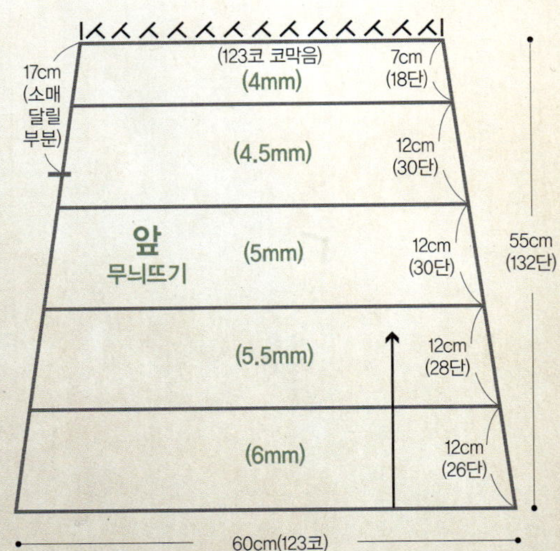

게이지

22코×27단 (4.5mm / 10㎠, 무늬뜨기)

바늘

3.5mm, 4mm, 4.5mm, 5mm, 5.5mm, 6mm,
코바늘 6/0호, 돗바늘

실

블랙 모헤어 4볼 (80g)
먹색 메리노 울사 8볼 (320g)
블랙 팬시얀사 약간

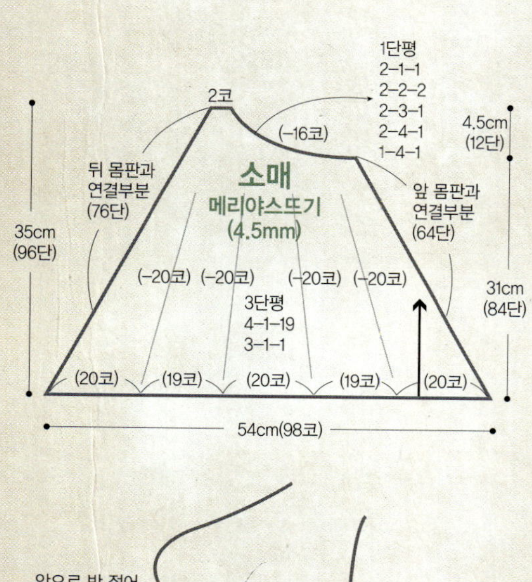

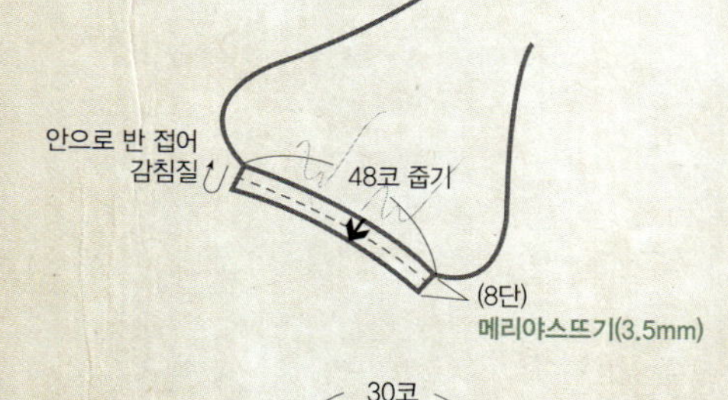

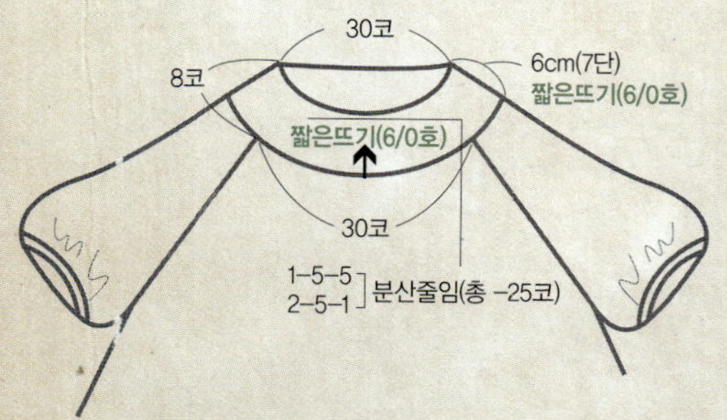

소매 뜨기

1. 4.5mm 대바늘로 98코 잡아 메리야스뜨기 84단을 뜨는데, 이때 그림처럼 정해진 4곳에서 3단에 1코를 1번, 4단에 1코를 19번 줄이고 증감 없이 3단을 뜬다(총 80코 분산줄임).

2. 이어서 1단에 4코를 1번, 2단에 4코를 1번, 2단에 3코를 1번, 2단에 2코를 2번, 2단에 1코를 1번 줄이고 1단을 증감 없이 뜬 뒤 남은 2코는 코막음한다.

3. 대칭으로 1장을 더 뜬다.

4. 3.5mm 대바늘로 소매 밑부분에서 48코를 주워 메리야스뜨기 8단을 뜬 다음 안으로 반 접어 넣어 감침질해서 마무리한다.

마무리하기

1. 몸판 옆선은 소매가 달릴 진동부분을 제외하고 돗바늘로 꿰맨다.

2. 몸판과 소매의 사선 부분을 돗바늘로 잇고, 나머지 소매 옆선을 꿰맨다.

3. 목둘레는 블랙 팬시얀사를 사용해서 코바늘 6/0호로 앞목에서 30코, 뒷목에서 30코, 소매에서 각 8코씩을 주워 짧은뜨기 7단을 돌린다. 이때 2단에 5코씩 1번, 1단에 5코씩 5번 분산줄임한다.

02 블랙 망사 레이스 풀오버

PAGE ...... **14p.**

뒤판 뜨기

1 3.5mm 대바늘로 106코 잡아 가터뜨기 6단을 뜬다.

2 4mm 대바늘로 바꿔 메리야스뜨기로 90단 뜨는데, 이때 양 옆에서 17단에 1코를 1번, 18단에 1코를 3번 줄이고 증감 없이 19단을 더 뜬다.

3 진동줄임은 1단째 3코를 1번, 2단에 2코를 2번, 2단에 1코를 3번, 4단에 1코를 1번 줄임하고 39단을 증감 없이 뜬다.

4 뒷목파임은 오른쪽 어깨코 18코와 2코를 더해 총 20코를 뜬 다음 되돌려서 2단에 1코를 2번 줄이고 2단을 증감 없이 뜬 다. 이와 동시에 6코씩 2번 되돌려가며 어깨처짐을 한다.

5 새로 실을 걸어 뒷목 36코를 코막음하고, 왼쪽 어깨는 오른 쪽과 대칭이 되도록 뜬다.

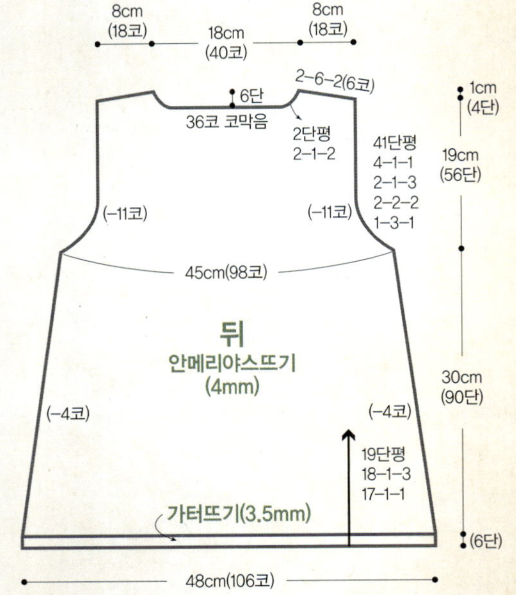

앞판 뜨기

1 3.5mm 대바늘로 106코 잡아 가터뜨기 6단을 뜬다.

2 4mm 대바늘로 바꿔 뒤판과 동일하게 양 옆선에서 4코씩 줄 여가며 90단을 뜬다.

3 진동줄임도 뒤판과 동일하게 하면서 40단을 뜨는데, 가운데 73코는 무늬뜨기로 뜬다(중간에 2코 모아뜨기로 1코를 줄일 것).

4 앞목파임은 28코를 뜬 다음 되돌려서 2단에 3코를 1번, 2단에 2코를 2번, 2단에 1코를 2번, 4단에 1코를 1번 줄이고 6단을 증감 없이 더 뜨면서 뒤판처럼 어깨처짐을 한다.

5 새로 실을 걸어 가운데 19코를 코막음하고, 오른쪽은 왼쪽과 대칭이 되게 앞목파임을 한다.

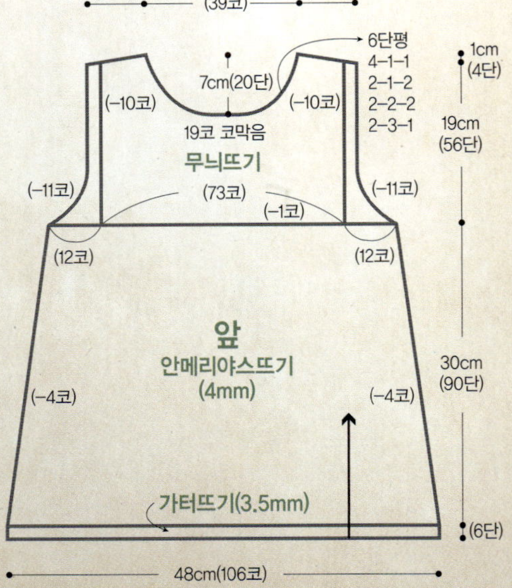

게이지
22코×30단 (10㎠, 메리야스뜨기)

바늘
3.5mm, 4mm

부재료
프릴용 망사 천
길이 180cm×폭 10cm 정도,
실과 바늘, 시침핀

실
블랙 스팡쥬얼사 12볼 (300g)

무늬뜨기

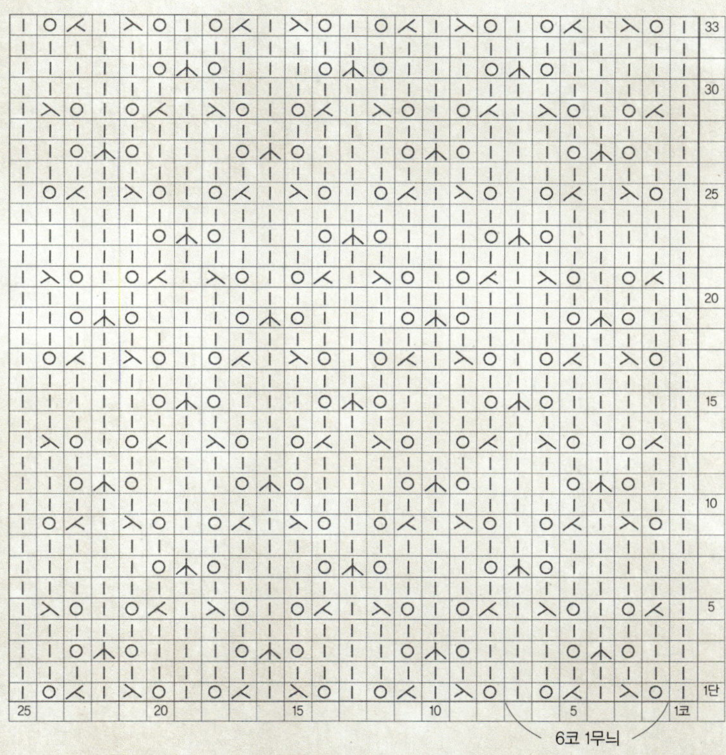

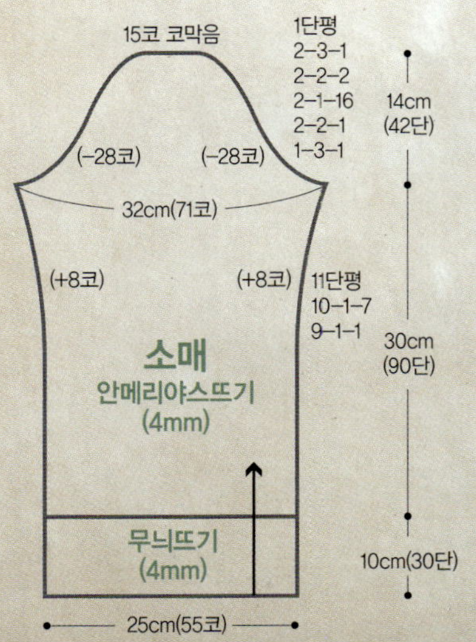

소매 뜨기

1 4mm 대바늘로 55코를 잡아 무늬뜨기 30단을 뜬다.

2 이어서 메리야스뜨기 90단을 뜨는데 양쪽 끝에서 9단에 1코를 1번, 10단에 1코를 7번 늘리고 증감 없이 11단을 더 뜬다.

3 소매 곡선은 1단에 3코를 1번, 2단에 2코를 1번, 2단에 1코를 16번, 2단에 2코를 2번, 2단에 3코를 1번 줄임하고 1단을 뜬 다음 남은 15코는 코막음한다.

1 앞뒤 몸판을 겉끼리 마주 대고 안쪽에서 덮어씌우기로 어깨를 잇는다.

2 몸판과 소매의 옆선을 돗바늘로 꿰맨다.

3 몸판의 진동과 소매의 곡선 부분을 겉끼리 마주 대고 코바늘을 이용해 빼뜨기로 연결한다.

4 목둘레는 3.5mm 대바늘로 앞목에서 52코, 뒷목에서 38코를 잡은 뒤 원형으로 가터뜨기 4단을 뜨고 코막음한다.

5 준비한 프릴 장식을 단다. 우선 망사 천 한쪽 면에 잔 홈질을 해서 주름을 잡은 뒤, 몸판 밑단 안쪽에 시침핀으로 고정하고 꿰맨다.

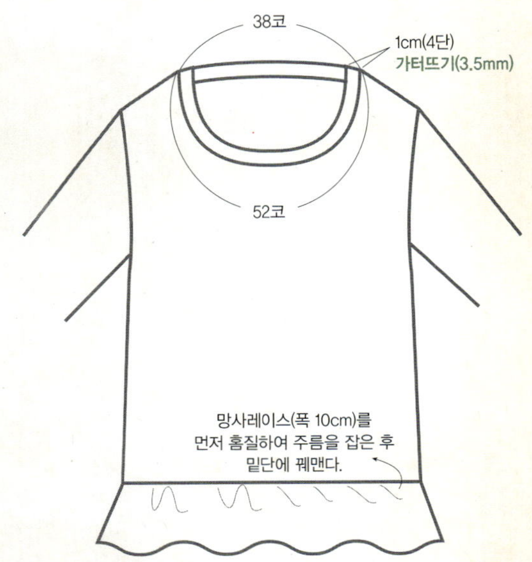

블랙 망사 레이스 다는 법

우선 망사 천 한쪽 면에 잔 홈질을 해서 주름을 잡고, 몸판 밑단에 시침핀으로 고정시킨다.

03 꽈배기 문양 터틀넥 풀오버

PAGE …… **16p.**

완성치수
• 가슴둘레 : 82cm (44~55사이즈)
• 옷길이 : 53cm
• 어깨너비 : 35cm
• 소매길이 : 59cm

뒤판 뜨기

1 3.5mm 대바늘로 88코 잡아 1코 고무뜨기 24단을 뜬다.
2 4mm 대바늘로 바꿔 중간 중간에 2코 분산 늘림해 90코로 만들면서 무늬뜨기로 38단을 뜬다. 이때 양쪽 끝에서 9단에 1코씩 1번, 8단에 1코씩 1번, 10단에 1코씩 2번 줄이고 1단을 뜬 다음, 다시 이어서 9단에 1코씩 1번, 10단에 1코씩 3번 늘림하고 증감 없이 7단을 뜬다.
3 진동줄임은 1단째 2코를 1번, 2단에 1코를 2번, 4단에 1코를 1번, 6단에 1코를 1번 줄임하고 39단을 증감 없이 뜬다.
4 오른쪽 어깨코 20코와 뒷목파임 2코를 더해 총 22코를 뜬 뒤 되돌려서 2단에 1코를 2번 줄이고 2단은 증감 없이 뜬다. 이때 동시에 7코씩 2번 되돌려가며 어깨처짐을 한다.
5 새로 실을 걸어 뒷목 34코를 코막음하고, 왼쪽 어깨는 오른쪽과 대칭이 되도록 뜬다.

앞판 뜨기

1 3.5mm 대바늘로 88코 잡아 1코 고무뜨기 24단을 뜬다.
2 4mm 대바늘로 바꿔 뒤 몸판과 동일하게 84단까지 뜬다.
3 진동줄임도 뒤판과 동일하게 하고 27단을 더 뜬다.
4 앞목파임은 32코를 뜬 다음 되돌려서 2단에 4코를 1번, 2단에 3코를 1번, 2단에 2코를 2번, 2단에 1코를 1번 줄이고 8단을 증감 없이 뜬다. 이때 동시에 7코씩 2번 되돌려가며 어깨처짐을 한다.
5 새로 실을 걸어 앞목 14코를 코막음하고, 오른쪽은 왼쪽과 대칭이 되도록 뜬다.

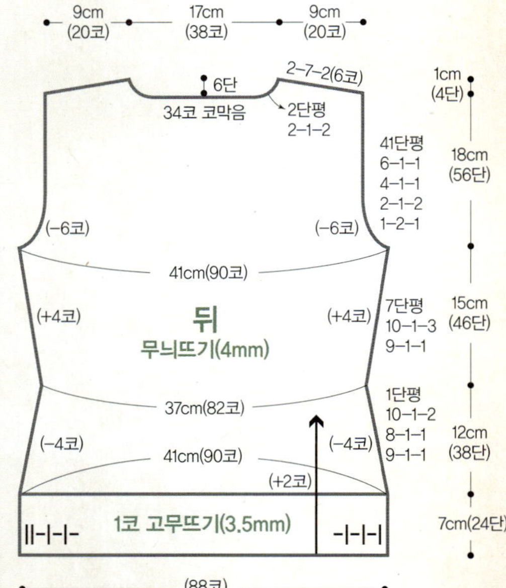

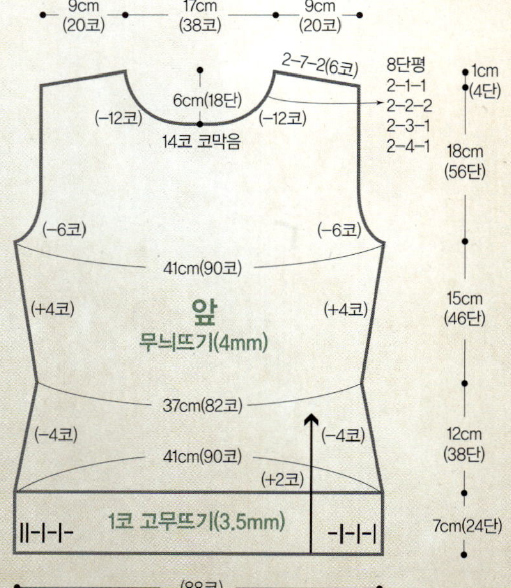

게이지
22코×31단 (10㎠, 무늬뜨기)

바늘
3.5mm, 4mm, 코바늘 4/0호, 돗바늘

부재료
여밈 단추 1개

실
먹색 야크사 8볼 (400g)

무늬뜨기

1 3.5mm 대바늘로 52코 잡아 1코 고무뜨기 24단을 뜬다.
2 4mm 대바늘로 바꿔 무늬뜨기 116단을 뜬다. 이때 양쪽 끝에서 11단에 1코를 1번, 12단에 1코를 2번, 14단에 1코씩 5번 늘리고 증감 없이 11단을 더 뜬다.
3 소매 곡선은 1단에 3코를 1번, 2단에 2코를 1번, 2단에 1코를 17번, 4단에 1코를 1번, 2단에 2코를 1번, 2단에 3코를 1번 줄임하고 1단을 뜬 뒤 남은 12코는 코막음한다.

1 앞뒤 몸판을 겉끼리 마주 대고 안쪽에서 덮어씌우기로 어깨를 잇는다.
2 몸판과 소매의 옆선을 꿰맨다.
3 몸판의 진동과 소매 곡선 부분을 겉끼리 마주 대고 코바늘을 이용해 빼뜨기로 연결한다.
4 목둘레는 뒷목 중심에서 3.5mm 대바늘을 이용해 완성한다. 뒷목에서 각각 24코씩, 앞목에서 53코를 잡아 1코 고무뜨기 20단을 뜨고 돗바늘로 마무리한다.
5 코바늘로 사슬뜨기코 5코를 잡아 반 접어 고리를 만든 뒤 뒷목 트임 부분에 단다. 반대쪽에는 작은 단추를 단다.

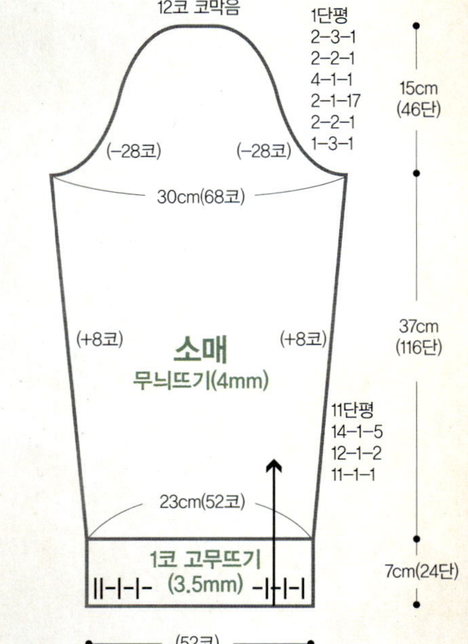

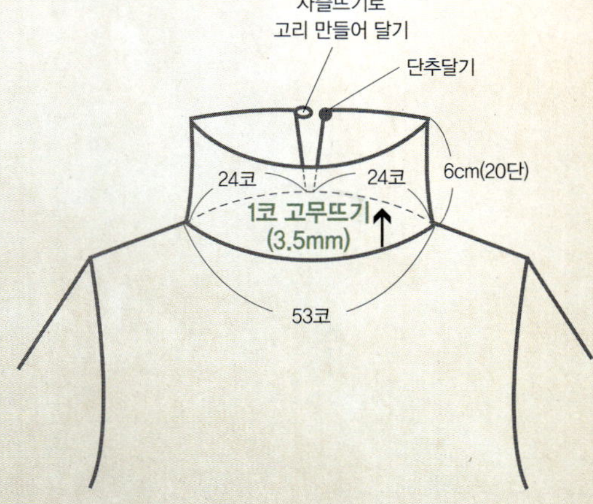

09 뒤트임을 넣은 쇼트 베스트

PAGE ····· 30p.

완성치수 • 가슴둘레 : 92cm (44~55 사이즈)
• 옷길이 : 47cm • 어깨너비 : 34cm

게이지 11코×16단 (10㎠, 메리야스뜨기)

바늘 5mm, 5.5mm

실 블랙 복합 모헤어 혼방사 4볼 (200g)

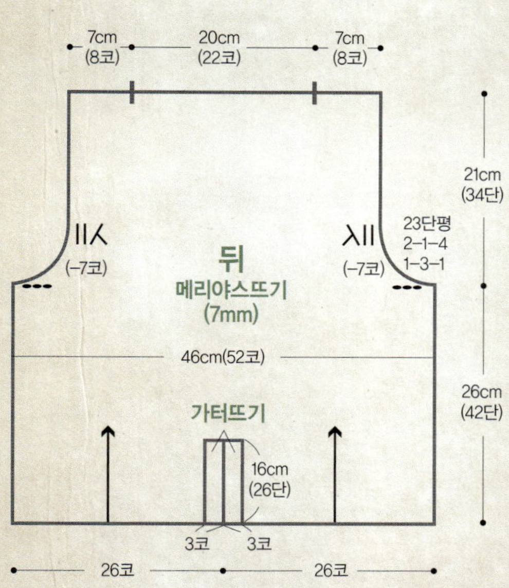

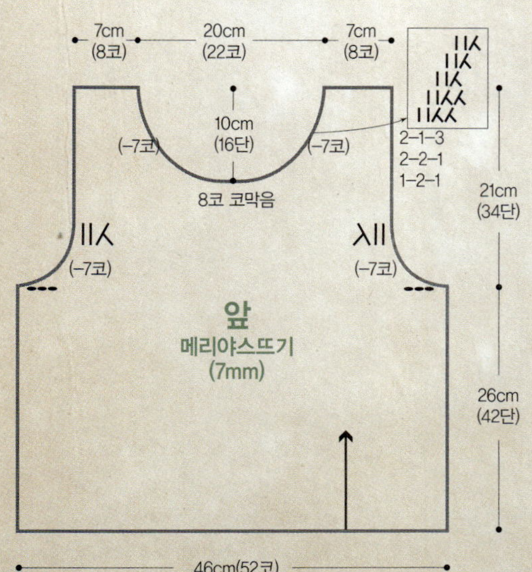

뒤판 뜨기

1 7mm 대바늘로 26코 잡아 왼쪽 끝 3코는 가터뜨기로, 나머지는 메리야스뜨기 26단을 뜬 다. 새로운 바늘과 실로 다시 26코를 잡은 뒤 이번에는 오른쪽 끝 3코는 가터뜨기, 나머지는 메리야스뜨기 26단을 뜬다.

2 2장의 편물을 한 바늘로 연결해서 16단을 더 뜬다.

3 진동줄임은 양쪽으로 3코씩 코막음하고, 2단에 1코를 4번 줄이고 23단을 증감 없이 뜬다(2코 안쪽에서 오른코 겹쳐뜨기, 왼코 겹쳐뜨기로 줄인다).

앞판 뜨기

1 7mm 대바늘로 52코 잡아 메리야스뜨기 42단을 뜬다.

2 진동줄임은 뒤판과 동일하게 하며 18단까지 뜬다.

3 오른쪽 앞목파임은 1단에 2코를 1번, 2단에 2코 1번, 2단에 1코를 3번 줄이고 7단을 증감 없이 더 뜬다 (줄임 방법은 그림처럼 2코 안쪽에서 2코 모아뜨기로 줄인다).

4 새로 실을 걸어 가운데 8코를 코막음하고 오른쪽과 대칭으로 앞목파임을 한다.

마무리하기

1 앞뒤 몸판을 겉끼리 마주 대고 안쪽에서 덮어씌우기로 어깨를 잇는다. 몸판의 옆선을 꿰맨다.

04 남편을 위한 레드 풀오버

PAGE ...... **18p.**

뒤판 뜨기

1 모헤어 1겹과 메리노울 1겹을 같이 사용해서 4mm 대바늘로 100코 잡아 무늬뜨기 28단을 뜬다.

2 4.5mm 대바늘로 바꿔 메리야스뜨기로 90단을 뜬다.

3 진동줄임은 1단째 3코를 1번, 2단에 2코를 2번, 2단에 1코를 4번, 4단에 1코를 1번 줄임하고 39단을 증감 없이 뜬다.

4 오른쪽 어깨코 21코와 뒷목파임 2코를 더해 총 23코를 뜬 다음 되돌려서 2단에 1코를 2번 줄이고 2단을 증감 없이 뜬다. 이때 동시에 7코씩 2번 되돌려가며 어깨처짐을 한다.

5 새로 실을 걸어 뒷목 30코를 코막음하고, 왼쪽 어깨는 오른쪽과 대칭이 되도록 뜬다.

앞판 뜨기

1 4mm 대바늘로 100코 잡아 무늬뜨기 28단을 뜬다.

2 4.5mm 대바늘로 바꿔 6코를 분산늘림해서 106코로 만든다. 16코는 메리야스뜨기로, 26코는 무늬뜨기로, 나머지 코는 메리야스뜨기로 뜨면서 90단을 뜬다.

3 진동줄임은 뒤판과 동일하게 하고 27단을 증감 없이 뜬다.

4 앞목파임은 35코를 뜬 다음 되돌려서 2단에 3코를 2번, 2단에 2코를 3번, 2단에 1코를 2번 줄이고 4단을 증감 없이 더 뜬다. 이와 동시에 뒤 몸판과 동일하게 어깨처짐한다.

5 새로 실을 걸어 가운데 12코를 코막음하고, 왼쪽과 대칭이 되도록 앞목파임을 한다.

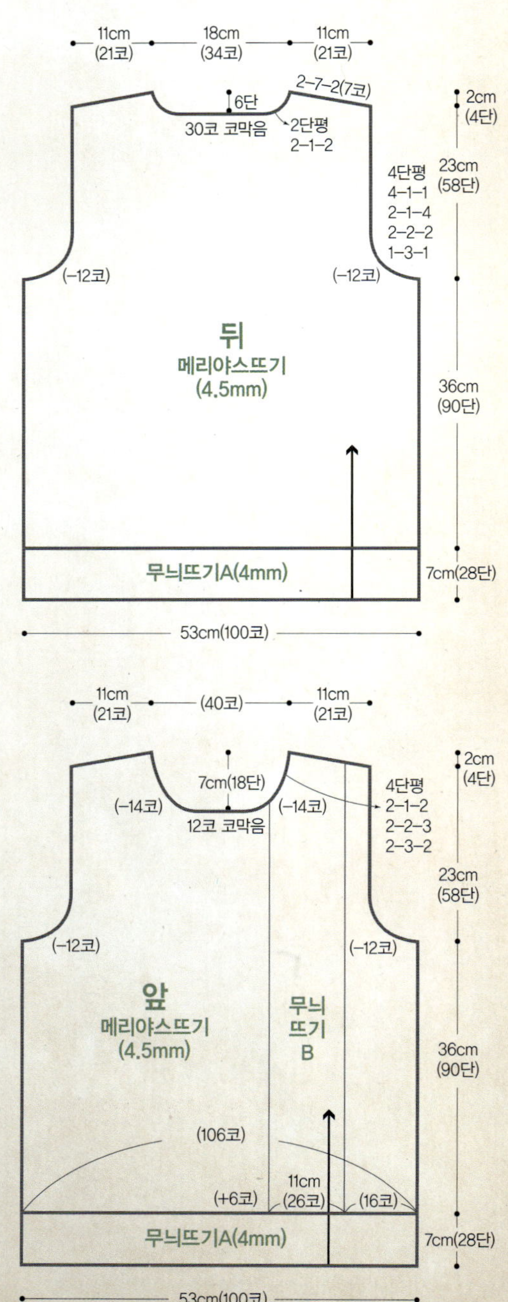

게이지
19코×25단 (10㎠, 메리야스뜨기)
24코×25단 (10㎠, 무늬뜨기)

바늘
4mm, 4.5mm

실
빨간색 모헤어 5볼 (100g)
빨간색 메리노울 13볼 (520g)

무늬뜨기 B

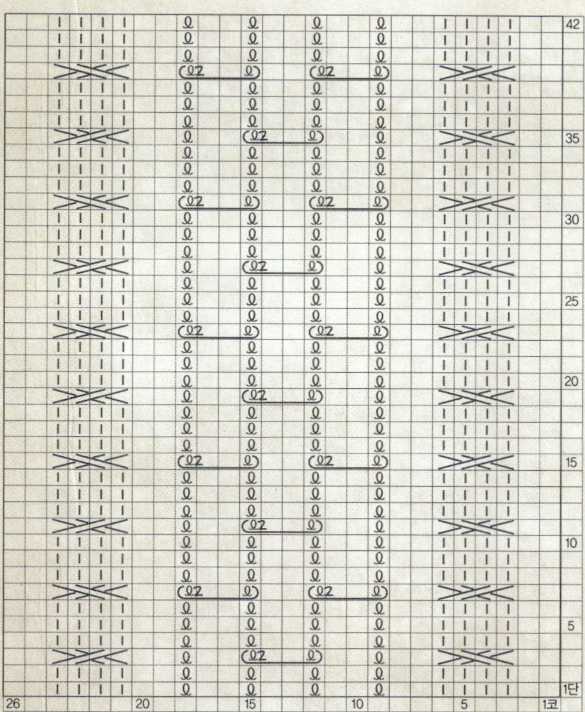

무늬뜨기 A

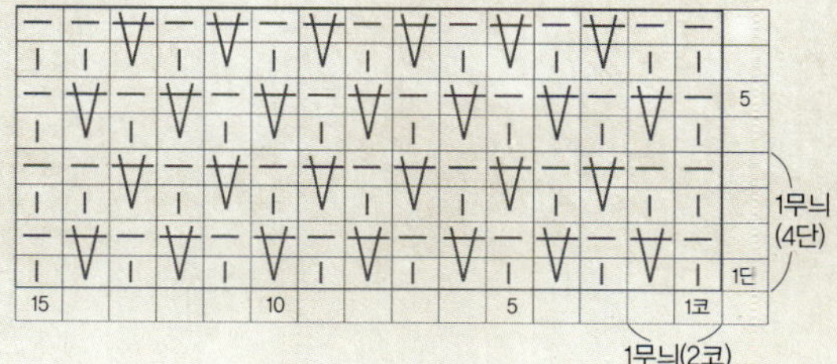

소매 뜨기

1. 4mm 대바늘로 54코 잡아 무늬뜨기 28단을 뜬다.
2. 4.5mm 대바늘로 바꿔 메리야스뜨기 94단을 뜬다. 양쪽 끝에서 7단에 1코를 1번, 6단에 1코를 8번, 8단에 1코를 4번 늘리고 7단을 증감 없이 더 뜬다.
3. 소매 곡선은 1단에 4코를 1번, 2단에 3코를 1번, 2단에 2코를 3번, 2단에 1코를 9번, 2단에 2코를 3번, 2단에 3코 1번 줄임하고 1단을 뜬 다음, 남은 14코는 코막음한다.

마무리하기

1. 앞뒤 몸판을 겉끼리 마주 대고 안쪽에서 덮어씌우기로 어깨를 잇는다.
2. 몸판과 소매의 옆선을 꿰맨다.
3. 몸판의 진동과 소매의 곡선 부분을 겉끼리 마주 대고 코바늘을 이용해 빼뜨기로 연결한다.
4. 목둘레는 4mm 대바늘로 앞목에서 58코, 뒷목에서 40코를 잡아 무늬뜨기 10단을 뜨고 코막음한다.

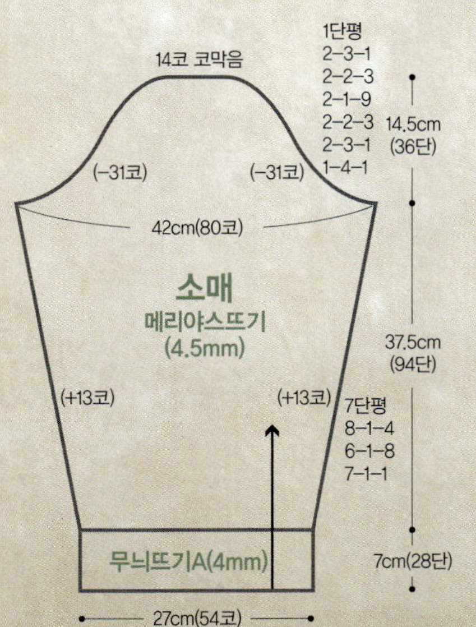

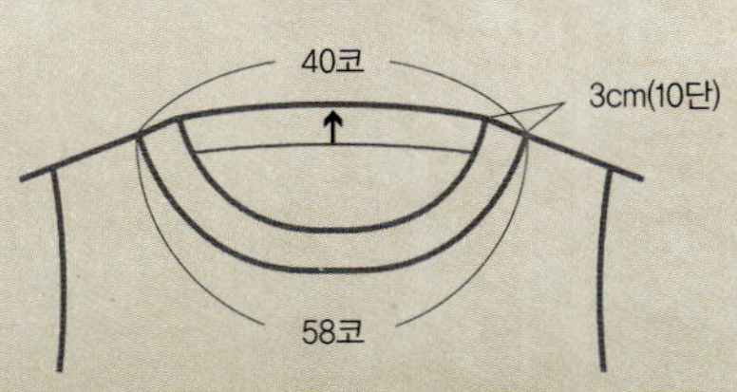

05 오렌지 컬러 그러데이션 후드 베스트

PAGE ..... **20p.**

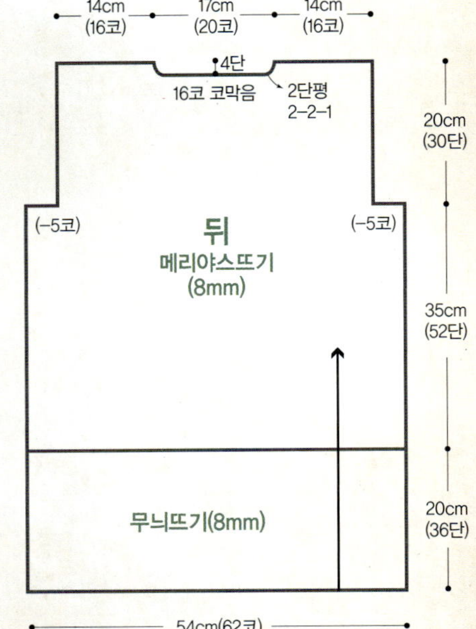

뒤판 뜨기

1. 8mm 대바늘로 62코 잡아 무늬뜨기 36단을 뜬다.

2. 이어서 메리야스뜨기로 52단을 뜬다.

3. 진동줄임은 양쪽에 5코씩 코막음하고 26단까지 뜬다.

4. 뒷목파임은 오른쪽 어깨코 16코와 2코를 더해 총 18코를 뜬 뒤, 되돌려서 2단에 2코를 1번 줄이고, 2단을 증감 없이 뜬다.

5. 새로 실을 걸어 뒷목 16코를 코막음하고 왼쪽 어깨를 오른쪽 과 대칭되게 뜬다.

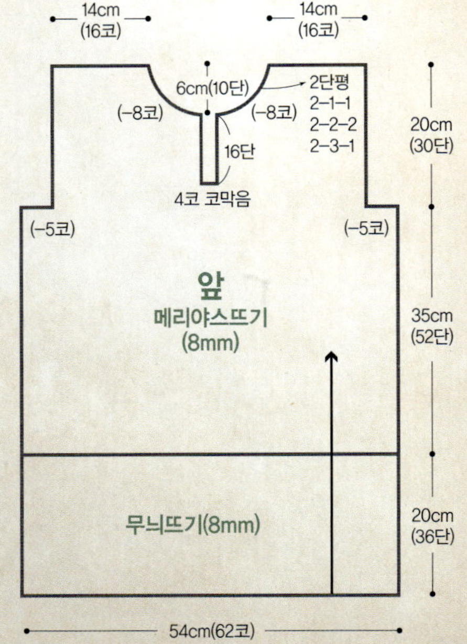

앞판 뜨기

1. 8mm 대바늘로 62코 잡아 무늬뜨기 36단을 뜬다.

2. 이어서 메리야스뜨기로 52단을 뜬다.

3. 진동줄임은 양쪽에 5코씩 코막음하고 4단 뜬다.

4. 오른쪽 24코만 16단을 뜬 뒤 오른쪽 앞목파임은 2단에 3코 를 1번, 2단에 2코 2번, 2단에 1코 1번, 2단에 1코를 1번 줄이 고 2단을 증감 없이 뜬다.

5. 새로 실을 걸어 가운데 4코를 코막음하고 왼쪽은 오른쪽과 대칭으로 앞목파임을 한다.

11.5코×15단 (10㎠, 무늬뜨기)

7mm, 8mm

오렌지 계열 울 혼방사 6볼 (600g)

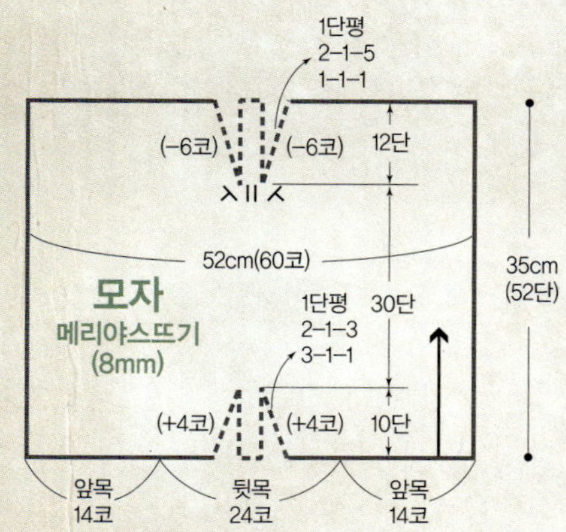

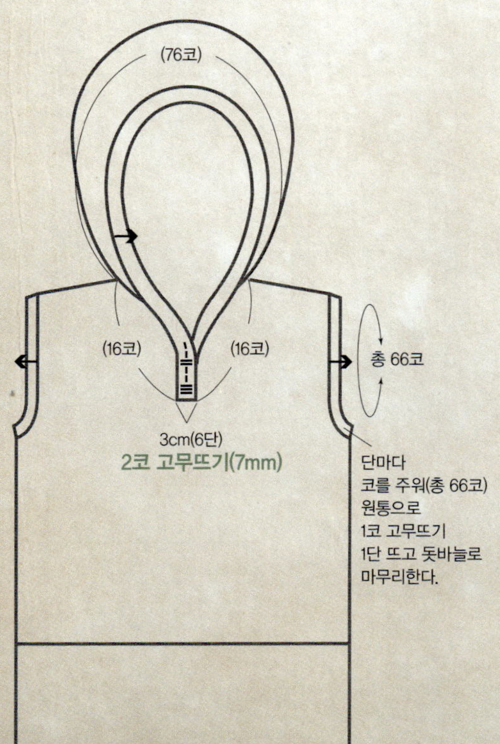

마무리하기

1 앞뒤 몸판을 겉끼리 마주 대고 안쪽에서 덮어씌우기로 어깨를 잇는다.

2 몸판의 옆선을 꿰맨다.

3 모자는 8mm 대바늘로 앞목에서 14코씩, 뒷목에서 24코, 총 52코를 줍는다. 가운데 중심 2코를 기준으로 양쪽으로 3단에 1코를 1번, 2단에 1코를 3번 늘리고 31단을 증감 없이 뜬다. 이어서 가운데 중심 2코를 기준으로 양쪽에서 1단에 1코를 1번, 2단에 1코를 5번 늘리고 증감 없이 1단 뜬 뒤 반 접어 메리야스 잇기한다.

4 7mm 대바늘로 앞목에서 16코씩, 모자둘레에서 76코를 주워 2코 고무뜨기 6단을 뜨고 돗바늘로 마무리한다.

5 진동둘레는 7mm 대바늘로 66코 주워 원형으로 1코 고무뜨기 1단 뜨고 돗바늘로 마무리한다.

무늬뜨기 □ = —

06 캐시미어 베이지 풀오버

PAGE ······ **22p.**

뒤판 뜨기

1 3.5mm 대바늘로 138코 잡아 무늬뜨기 14단을 뜬다.

2 4mm 대바늘로 바꿔 메리야스뜨기 134단을 뜨는데, 이때 그림처럼 정해진 4곳에서 11단에 1코를 1번, 12단에 1코를 1번, 14단에 1코씩 7번 줄임하고 증감 없이 13단을 더 뜬다 (총 36코 분산줄임).

3 진동줄임은 1단째 3코를 1번, 2단에 2코 2번, 2단에 1코 4번, 4단에 1코 1번 줄임하고 33단을 증감 없이 더 뜬다.

4 뒷목파임은 오른쪽 어깨코 15코와 2코를 더해 총 17코를 뜬 뒤 되돌려 2단에 2코를 1번 줄이고 2단을 증감 없이 뜬다.

5 새로 실을 걸어 뒷목 44코를 코막음하고 왼쪽 어깨를 오른쪽과 대칭되게 뜬다.

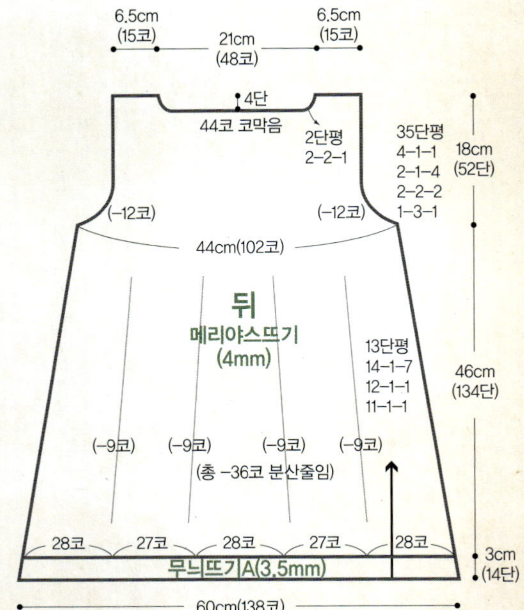

앞판 뜨기

1 3.5mm 대바늘로 138코 잡아 무늬뜨기 14단을 뜬다.

2 4mm 대바늘로 바꿔 뒤판과 동일하게 분산줄임하며 메리야스뜨기 134단을 뜬다.

3 진동줄임은 뒤판과 동일하게 하되, 8단까지만 뜨고 그이후부터는 앞목파임과 동시에 같이 진행한다. 앞목파임은 31코를 뜬 다음 되돌려서 2단에 3코를 1번, 2단에 2코를 3번, 2단에 1코를 5번, 4단에 1코를 1번,6단에 1코를 1번 줄이고 16단을 증감 없이 더 뜬다.

4 새로 실을 걸어 가운데 16코를 코막음하고 오른쪽과 대칭으로 앞목파임을 한다.

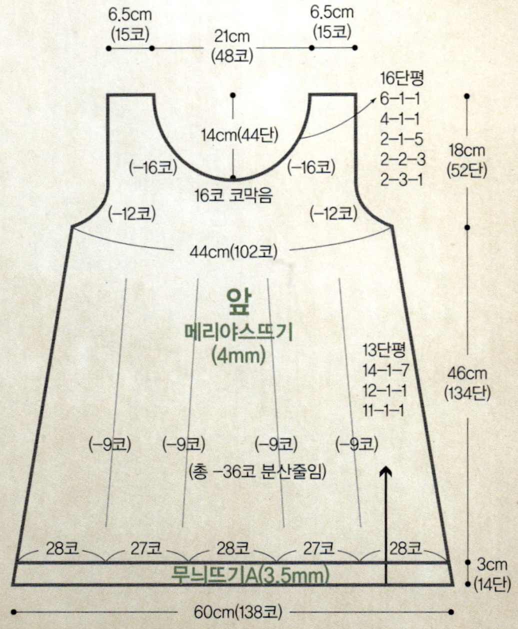

게이지
23코×29단 (10㎠, 메리야스뜨기)

바늘
3.5mm, 4mm, 돗바늘

실
연베이지 캐시미어
8볼 (200g)

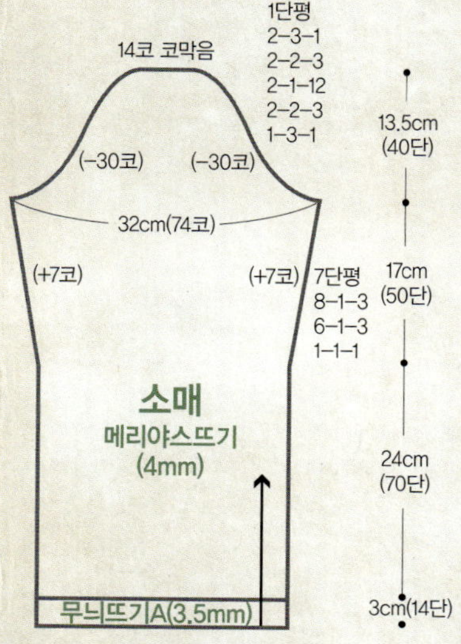

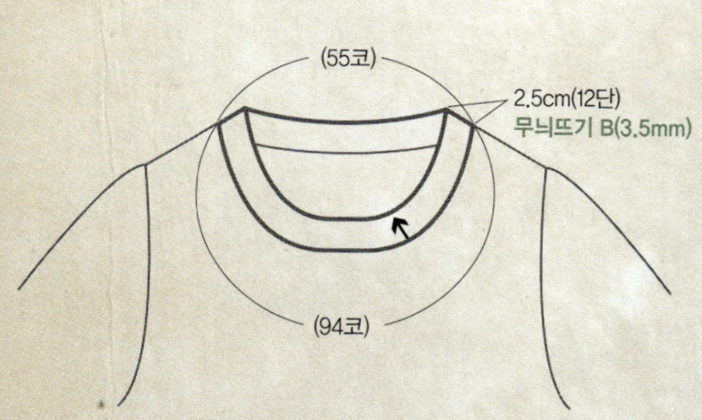

소매 뜨기

1. 3.5mm 대바늘로 60코를 잡아 무늬뜨기 14단을 뜬다.
2. 4mm 대바늘로 바꿔 메리야스뜨기 70단을 뜨고 이어서 양쪽 끝에서 1단에 1코를 1번, 6단에 1코를 3번, 8단에 1코씩 3번 늘리고 증감 없이 7단을 더 뜬다.
3. 소매곡선은 1단에 3코를 1번, 2단에 2코를 3번, 2단에 1코를 12번, 2단에 2코를 3번, 2단에 3코를 1번 줄임하고 1단을 뜬 다음 남은 14코는 코막음한다.

마무리하기

1. 앞뒤 몸판을 겉끼리 마주 대고 안쪽에서 덮어씌우기로 어깨를 잇는다.
2. 몸판과 소매의 옆선을 꿰맨다.
3. 몸판의 진동과 소매의 곡선 부분을 겉끼리 마주 대고 빼뜨기로 연결한다.
4. 목둘레는 3.5mm 대바늘로 앞목에서 94코, 뒷목에서 55코를 잡아 원형으로(무늬뜨기B) 12단을 뜨고 코막음한다.

무늬뜨기 A

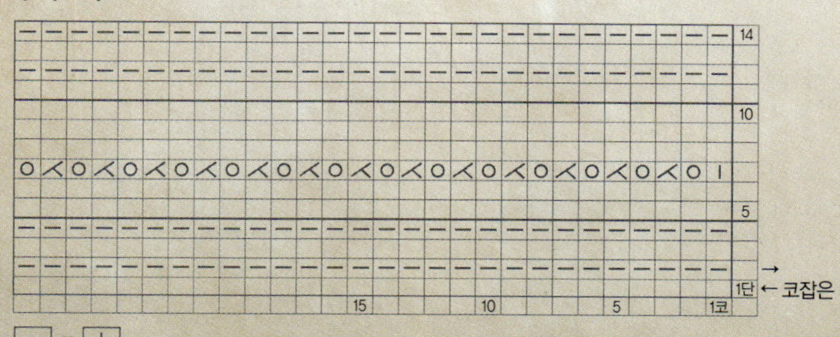

무늬뜨기 B

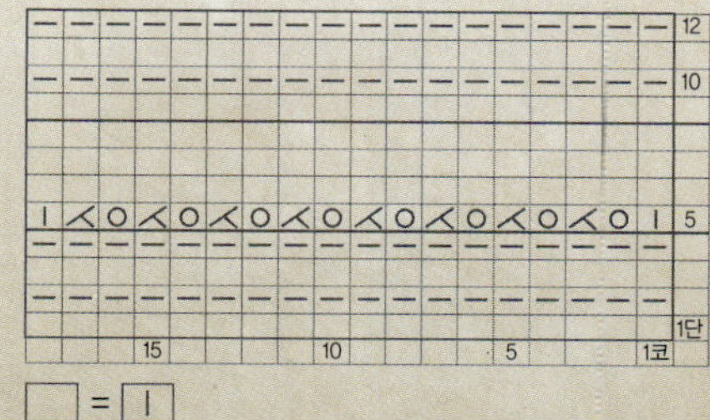

이니셜 덧수 장식
유아용 풀오버(7~8세용)

PAGE ······ **24p.**

뒤판 뜨기

1 4mm 대바늘로 90코 잡아 2코 고무뜨기 8단을 뜬다(베이지).

2 4.5mm 대바늘로 바꿔 4코를 분산줄임하여 86코로 만든 뒤 양쪽 끝에서 2단마다 3코씩 9번 되돌려 경사뜨기를 하며 메리야스뜨기 74단을 뜬다(아이보리). 이때 65단 째부터 그림과 같이 이니셜 배색을 한다.

3 진동줄임은 양쪽에 6코씩 코막음하고 2단에 1코씩 18번, 1단에 1코씩 4번 줄이고 증감 없이 1단 뜬다. 남은 30코는 코막음한다.

앞판 뜨기

1 4mm 대바늘로 90코 잡아 2코 고무뜨기 8단을 뜬다(아이보리).

2 4.5mm 대바늘로 바꿔 4코를 분산줄임하여 86코로 만든 뒤 양쪽 끝에서 2단마다 3코씩 9번 되돌려 경사뜨기를 하고 메리야스뜨기 74단을 뜬다(핑크).

3 진동줄임은 양쪽에 6코씩 코막음하고 2단에 1코씩 16번, 1단에 1코씩 4번 줄이고 증감 없이 1단 뜬다. 이때 동시에 앞목파임을 2단에 2코씩 2번, 2단에 1코씩 3번 줄인다. 양쪽으로 남은 2코씩은 코막음한다.

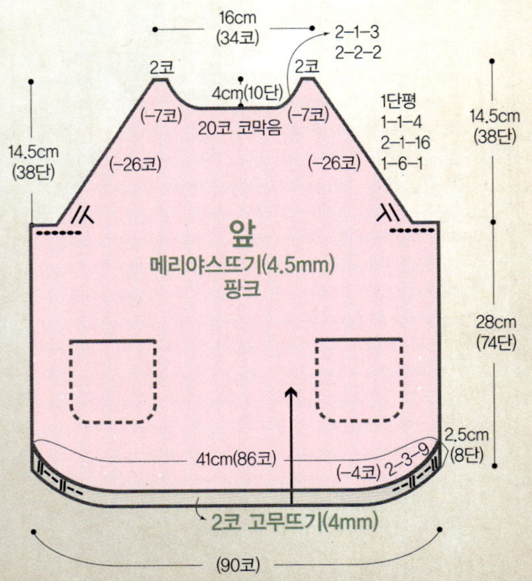

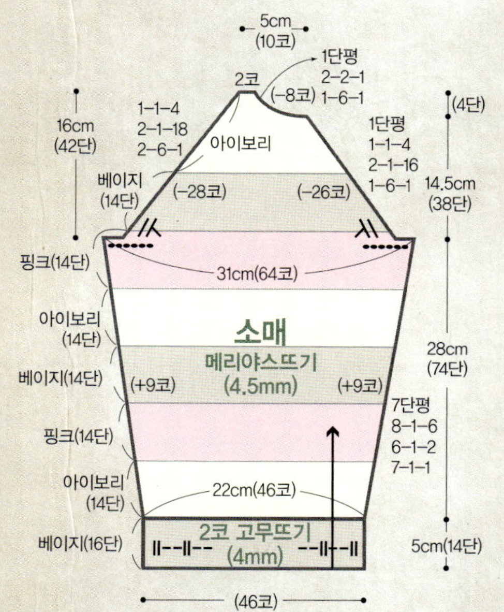

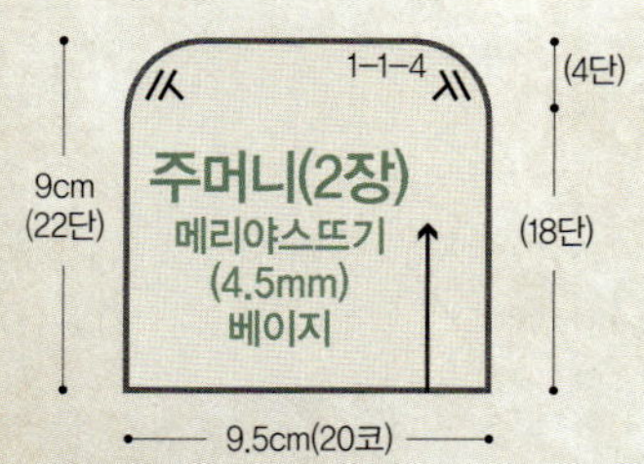

소매 뜨기

1. 4mm 대바늘로 46코 잡아 2코 고무뜨기 14단을 뜬다(베이지).

2. 4.5mm 대바늘로 바꿔 메리야스뜨기 74단을 뜨는데 양쪽 끝에서 7단에 1코를 1번, 6단에 1코를 2번, 8단에 1코를 6번 늘리고 7단을 증감 없이 더 뜬다(14단마다 그림처럼 실 색상을 바꿔가며 뜬다).

3. 소매 사선부분 줄임은 양쪽에 6코씩 코막음하고 오른쪽은 2단에 1코씩 16번, 1단에 1코 씩 4번 줄이고 증감 없이 1단 뜨고, 39단 째부터 1단에 6코를 1번, 2단에 2코를 1번 줄이고 증감 없이 1단 뜬다. 동시에 왼쪽은 2단에 1코씩 18번, 1단에 1코 4번 줄인다. 남은 2코는 코막음한다.

4. 대칭으로 1장 더 뜬다.

마무리하기

1. 앞뒤 몸판과 소매의 옆선을 돗바늘로 꿰맨다.

2. 몸판의사선 부분과 소매의 사선 부분을 돗바늘로 꿰맨다.

3. 목둘레는 4mm 대바늘로 앞목에서 42코, 뒷목에서 26코, 소매에서 각각 10코씩, 총 86코를 잡아 원형으로 2코 고무뜨기 6단을 뜨고 돗바늘로 마무리한다(베이지).

4. 주머니는 4.5mm 대바늘로 20코를 잡아 메리야스뜨기 18단을 뜨고, 양쪽 모서리 부분을 1단에 1코씩 4번 줄여 곡선을 만든 뒤 코막음한다(베이지 컬러로 2장 뜨기) 적당한 위치에 달아준다.

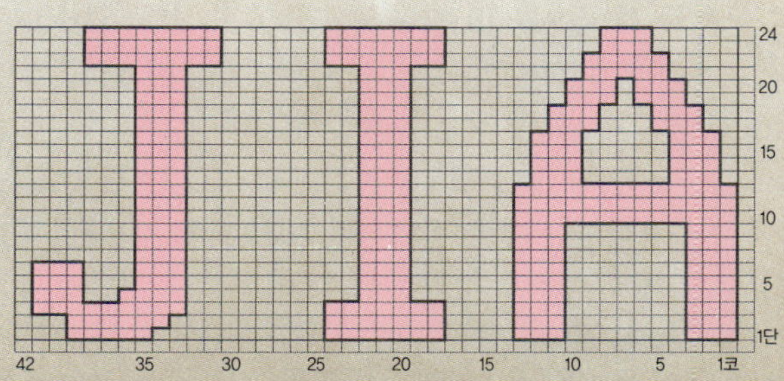

07 이니셜 덧수 장식
유아용 풀오버(4~5세용)

PAGE …… **24p.**

뒤판 뜨기

1. 4mm 대바늘로 82코 잡아 2코 고무뜨기 8단 뜬다(베이지).

2. 4.5mm 대바늘로 바꿔 4코를 분산줄임하여 78코로 만든 뒤 양쪽 끝에서 2단마다 3코씩 8번 되돌려 경사뜨기를 하며 메리야스뜨기 68단을 뜬다(아이보리). 이때 59단 째부터 그림과 같이 이니셜 배색을 한다.

3. 진동줄임은 양쪽에 6코씩 코막음하고 2단에 1코씩 16번, 1단에 1코씩 4번 줄이고 증감 없이 1단 뜬다. 남은 26코는 코막음한다.

앞판 뜨기

1. 4mm 대바늘로 82코 잡아 2코 고무뜨기 8단을 뜬다(아이보리).

2. 4.5mm 대바늘로 바꿔 4코를 분산줄임하여 78코로 만든 뒤 양쪽 끝에서 2단마다 3코씩 8번 되돌려 경사뜨기를 하고 메리야스뜨기 68단을 뜬다(올리브 그린).

3. 진동줄임은 양쪽에 6코씩 코막음하고 2단에 1코씩 14번, 1단에 1코씩 4번 줄이고 증감 없이 1단 뜬다. 이때 동시에 앞목파임을 2단에 2코씩 1번, 2단에 1코씩 3번 줄인다. 양쪽으로 남은 2코씩은 코막음한다.

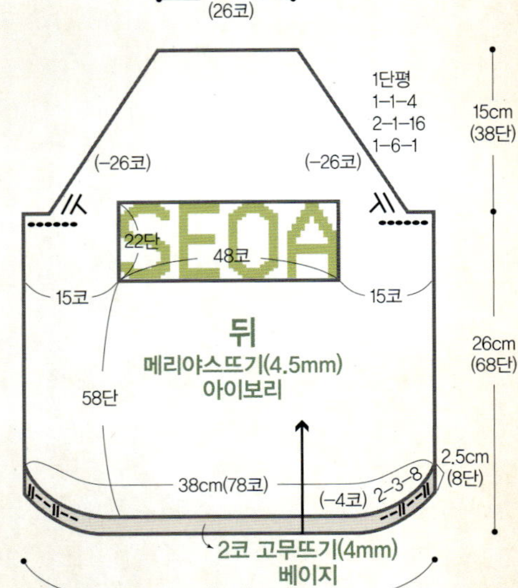

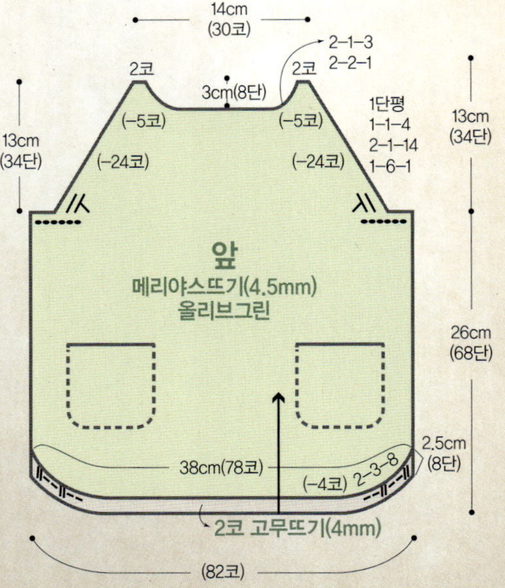

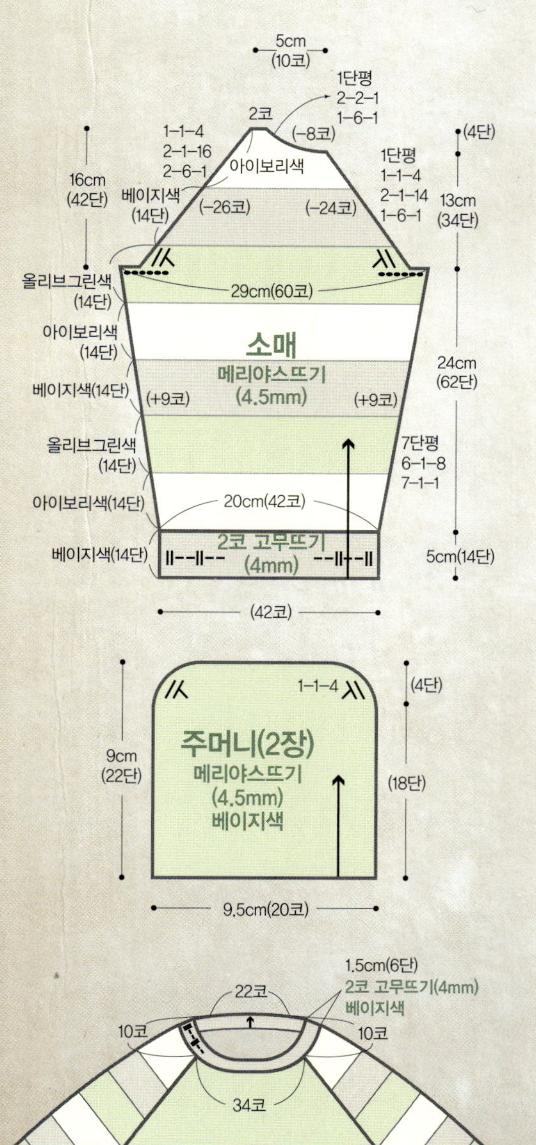

소매 뜨기

1. 4mm 대바늘로 42코 잡아 2코 고무뜨기 14단을 뜬다 (베이지).

2. 4.5mm 대바늘로 바꿔 메리야스뜨기 62단을 뜨는데 양쪽 끝에서 7단에 1코를 1번, 6단 에 1코를 8번 늘리고 7단을 증감 없이 더 뜬다(14단마다 그림처럼 실 색상을 바꿔가며 뜬다).

3. 소매 사선 부분 줄임은 양쪽에서 6코씩 코막음하고 오른쪽은 2단에 1코씩 14번, 1단에 1코씩 4번 줄이고 증감 없이 1단 뜨고, 35단 째부터 1단에 6코를 1번, 2단에 2코를 1번 줄이고 증감 없이 1단 뜬다. 동시에 왼쪽은 2단에 1코씩 16번, 1단에 1코를 4번 줄인다. 남은 2코는 코막음한다.

4. 대칭으로 1장 더 뜬다.

마무리하기

1. 앞뒤 몸판과 소매의 옆선을 돗바늘로 꿰맨다.

2. 몸판의 사선 부분과 소매의 사선 부분을 돗바늘로 꿰댄다.

3. 목둘레는 4mm 대바늘로 앞목에서 34코, 뒷목에서 22코, 소매에서 각각 10코씩 총 76코를 잡은 다음, 원형으로 2코 고무뜨기 6단을 뜨고 돗바늘로 마무리한다(베이지).

4. 주머니는 4.5mm 대바늘로 20코를 잡아 메리야스뜨기 18단을 뜨고, 양쪽 모서리 부분을 1단에 1코씩 4번 줄여 곡선을 만든 뒤 코막음한다(베이지 2장 뜨기). 적당한 위치에 달아준다.

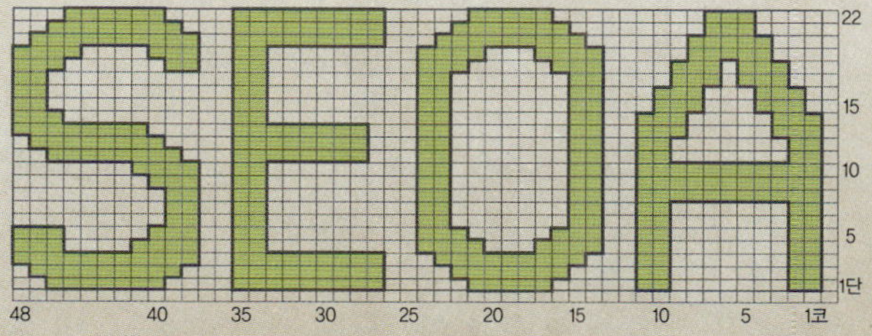

08 블루 앙고라 풀오버 & 베레모

PAGE ...... **28p.**

완성치수
- 가슴둘레 : 98cm (55~66 사이즈)
- 옷길이 : 76.5cm
- 어깨너비 : 36cm
- 소매길이 : 56.5cm
- 머리둘레 : 56cm

블루 앙고라 풀오버

뒤판 뜨기

1 4mm 대바늘로 102코 잡아 2코 고무뜨기 24단을 뜬다.

2 4.5mm 대바늘로 바꿔 4코를 분산줄임해서 98코로 만든 다음 메리야스뜨기로 130단 뜬다.

3 진동줄임은 1단째 3코를 1번, 2단에 2코를 3번, 2단에 1코를 3번, 4단에 1코를 1번 줄임하고 33단을 증감 없이 더 뜬다.

4 오른쪽 어깨코 17코와 뒷목파임 2코를 더해 총 19코를 뜬 다음, 되돌려서 2단에 1코를 2번 줄이고 2단을 증감 없이 뜬다. 이때 동시에 6코씩 2번 되돌려가며 어깨처짐을 한다.

5 새로 실을 걸어 뒷목 34코를 코막음하고 왼쪽 어깨를 오른쪽과 대칭이 되도록 뜬다.

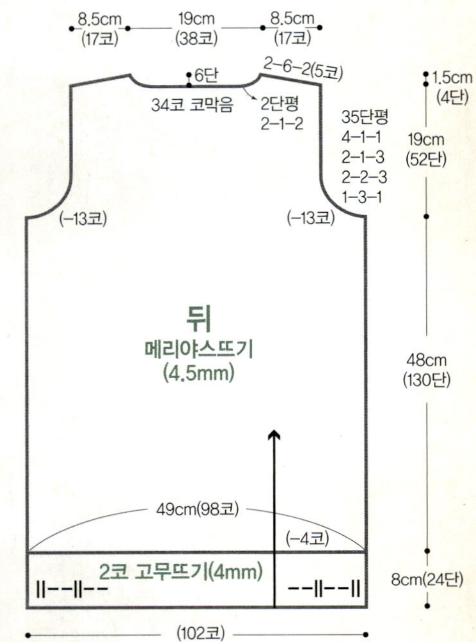

앞판 뜨기

1 4mm 대바늘로 102코 잡아 2코 고무뜨기 24단을 뜬다.

2 4.5mm 대바늘로 바꿔 10코를 분산늘림해서 108코로 만들고 가운데 76코는 무늬뜨기로, 나머지 양쪽 16코씩은 메리야스뜨기로 130단을 뜬다.

3 진동줄임은 뒤판과 동일하게 하고 17단을 더 뜬다.

4 앞목파임은 29코를 뜬 다음 되돌려서 2단에 3코를 2번, 2단에 2코를 2번, 2단에 1코를 1번, 4단에 1코를 1번 줄이고 8단을 증감 없이 뜬다. 이와 동시에 어깨처짐을 한다.

5 새로 실을 걸어 앞목 14코를 코막음하고, 오른쪽은 왼쪽과 대칭이 되도록 뜬다.

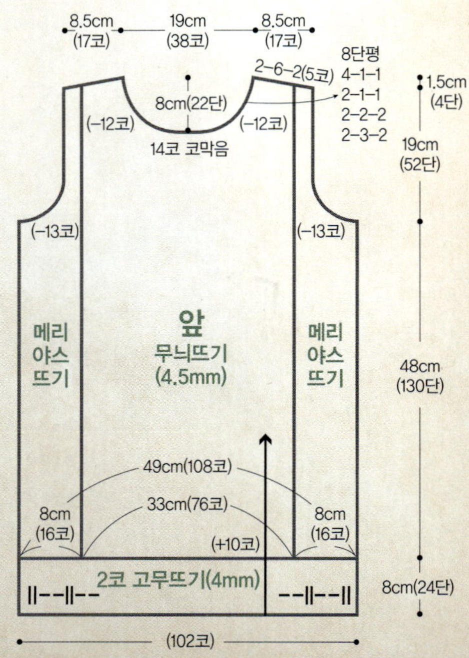

게이지
20코×27단 (10㎠, 메리야스뜨기)
23코×27단 (10㎠, 무늬뜨기)

바늘
4mm, 4.5mm, 5mm, 돗바늘

실
파란색 앙고라사 13볼 (650g)

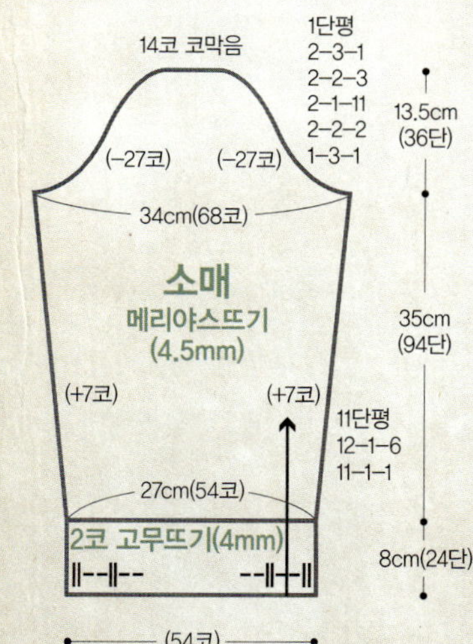

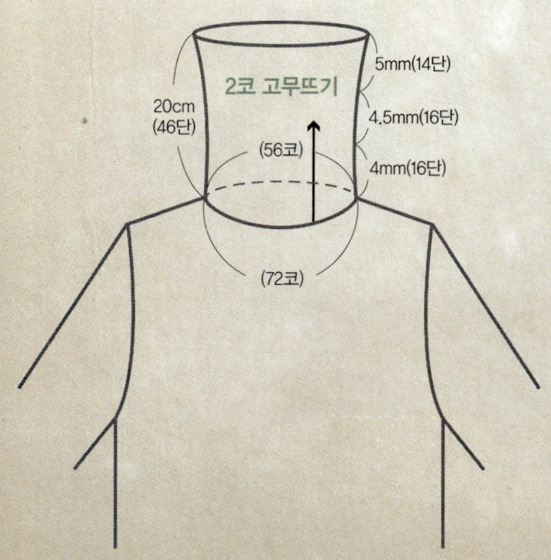

소매 뜨기

1 4mm 대바늘로 54코를 잡아 2코 고무뜨기 24단을 뜬다.

2 4.5mm 대바늘로 바꿔 양쪽 끝에서 11단에 1코를 1번, 12단에 1코를 6번 늘리고 증감 없이 11단을 더 뜬다.

3 소매 곡선은 1단에 3코를 1번, 2단에 2코를 2번, 2단에 1코를 11번, 2단에 2코를 3번, 2단에 3코를 1번 줄임하고 1단을 뜬 다음 남은 14코는 코막음한다.

마무리하기

1 앞뒤 몸판을 겉끼리 마주 대고 안쪽에서 덮어씌우기르 어깨를 잇는다.

2 몸판과 소매의 옆선을 꿰맨다.

3 몸판의 진동과 소매 곡선 부분을 겉끼리 마주 대고 코바늘을 이용해서 빼뜨기로 연결한다.

4 목둘레는 4mm 대바늘로 앞목에서 72코, 뒷목에서 56코를 잡아 원형으로 2코 고무뜨기 16단을 뜬다. 이어서 4.5mm로 16단, 5mm로 14단을 더 뜬 뒤 돗바늘로 2코 고무뜨기 마무리한다.

무늬뜨기   □ = ―

몸판에 소매 다는 방법

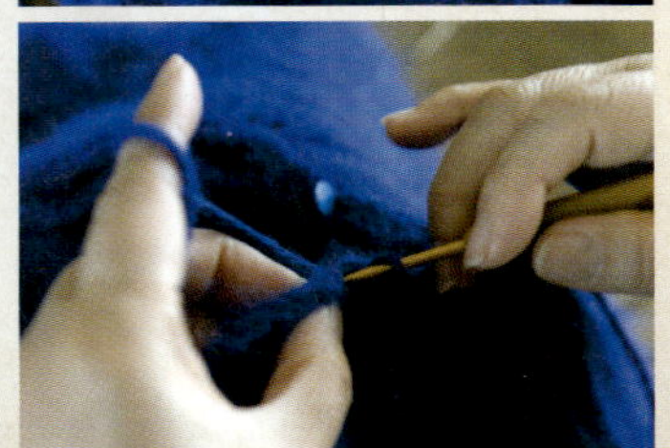

몸판을 뒤집어 안쪽에서 몸판의 겉면과 소매의 겉면을 마주대고 시침핀으로 중간 중간 비틀어지지 않게 고정시킨다. 다음으로 코바늘을 이용해 빼뜨기로 연결한다. 이때 중간 중간 뒤집어봐서 겉면의 꿰맨 라인이 들쑥날쑥하지 않은지 체크해가며 연결하도록 한다.

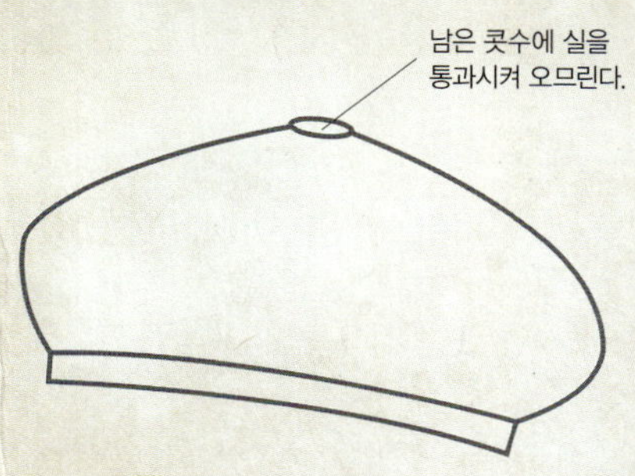

블루 베레모

1 4mm 대바늘로 114코 잡아 1코 고무뜨기 10단을 뜬다.

2 4.5mm 대바늘로 바꿔 그림처럼 각 조각의 7곳에서 3단째 1 코를 1번, 2단에 1코를 12번 늘리고 1단을 증감 없이 뜬다.

3 이어서 10단을 더 뜬 다음 각 조각에서 1단에 1코를 1번, 2단 에 1코를 12번 줄이고 1단을 더 뜬다.

4 남은 65코는 실을 통과시켜 오므린다.

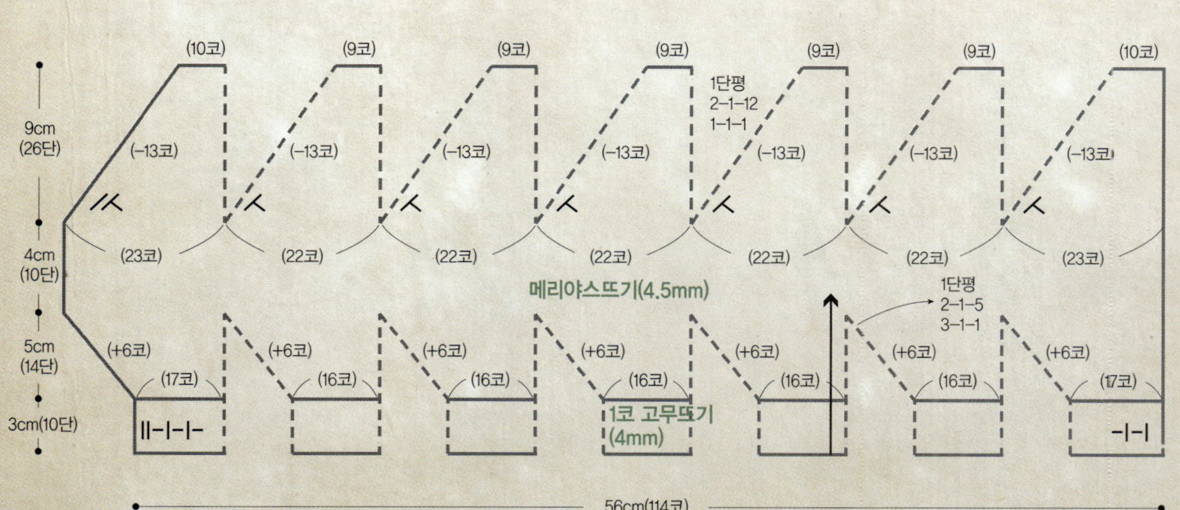

10 레이어드 스타일 투톤 쇼트 탑

PAGE ······ **32p.**

뒤판 뜨기

1. 4mm 대바늘로 84코 잡아 1코 고무뜨기 2단을 뜬다.

2. 4.5mm 대바늘로 바꿔 메리야스뜨기 52단을 뜬다.

3. 진동줄임은 1단째 3코를 1번, 2단에 2코 3번, 2단에 1코 2번, 4단에 1코를 1번 줄임하고 29단을 증감 없이 더 뜬다.

4. 뒷목파임은 오른쪽 어깨코 11코에 2코를 더해 총 13코를 뜬 뒤 되돌려서 2단에 2코를 1번 줄이고 2단을 증감 없이 뜬다.

5. 새로 실을 걸어 뒷목 34코를 코막음하고 왼쪽 어깨를 오른쪽 과 대칭되게 뜬다.

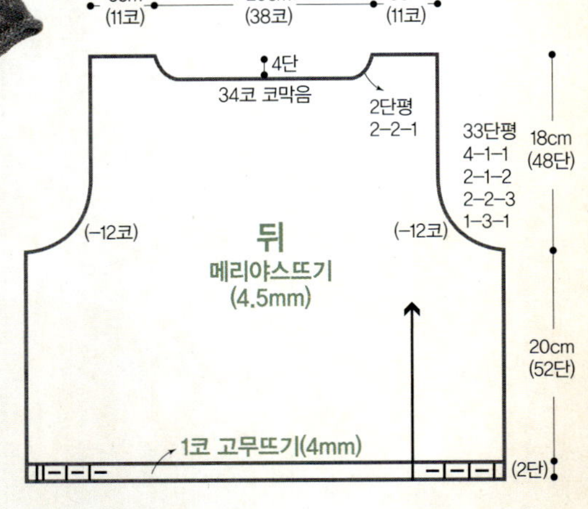

앞판 뜨기

1. 4mm 대바늘로 84코 잡아 1코 고무뜨기 2단을 뜬다.

2. 4.5mm 대바늘로 바꿔 메리야스뜨기 52단을 뜨고 진동줄임 은 뒤판과 동일하게 하고 11단을 증감 없이 더 뜬다.

3. 앞목파임은 23코를 뜬 다음 되돌려 2단에 4코를 1번, 2단에 3코 1번, 2단에 2코 1번, 2단에 1코 2번, 4단에 1코를 1번 줄 이고 8단을 증감 없이 더 뜬다.

4. 새로 실을 걸어 가운데 14코를 코막음하고 오른쪽과 대칭으 로 앞목파임을 한다.

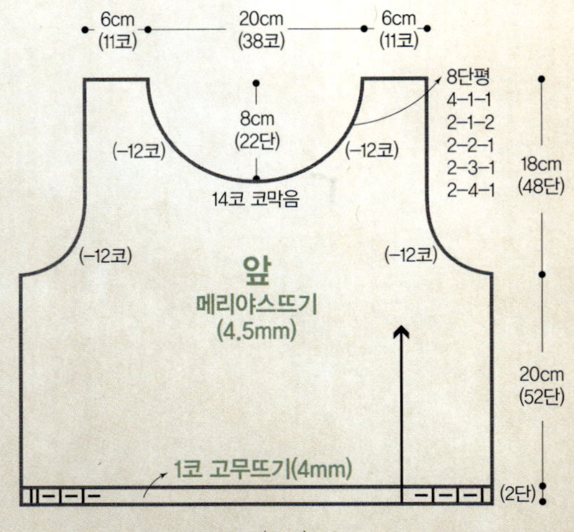

게이지
19코×26단 (10㎠, 메리야스뜨기)

바늘
4mm, 4.5mm, 코바늘 5/0호

실
블루 멜란지 리넨사 9볼 (225g)

tip

리넨사는 마 소재로 통기성이 뛰어나 시원해서 여름 니트를 뜰 때 즐겨 사용하는 실이다. 이번에 사용한 종류는 '리넨 블루 멜란지'. 즉 밝은 그레이와 블루 컬러가 혼합된(melange) 것으로 실 자체에 독특한 개성이 배어 있어 단순한 기법으로 떠도 디자인이 확 산다. 리넨사는 자연스러운 색감과 빳빳한 질감이 특징이기도 한데, 내추럴한 스타일을 좋아하는 사람들이 무척 만족스러워할 만하다.

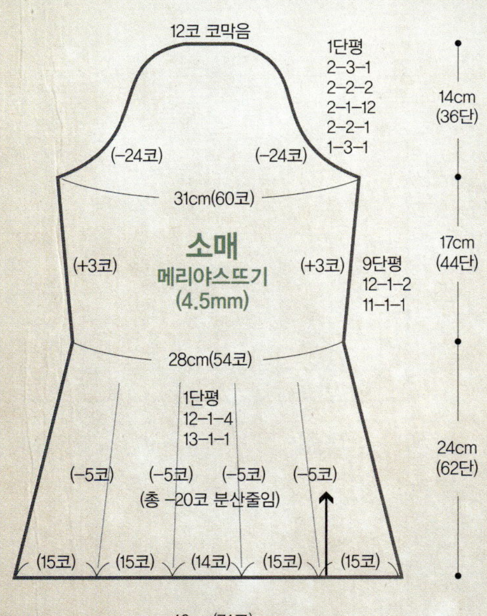

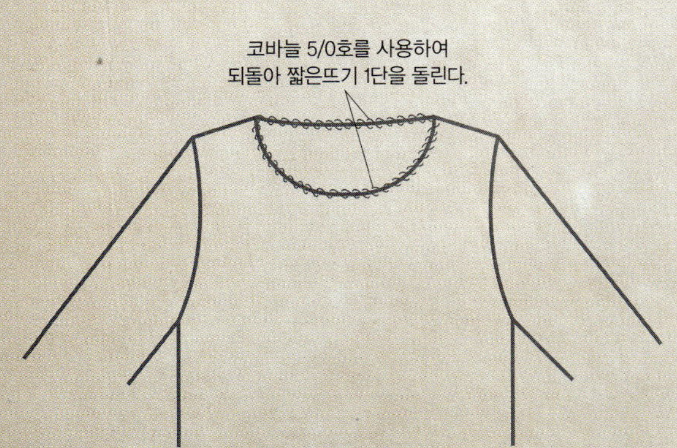

소매 뜨기

1. 4.5mm 대바늘로 74코를 잡아 메리야스뜨기 62단을 뜨는데, 이때 그림처럼 정해진 네 곳에서 13단에 1코를 1번, 12단에 1코를 4번 줄임하고 1단을 뜬다(총 20코 분산줄임).
2. 이어서 44단을 더 뜬다. 이때 양쪽 끝에서 11단에 1코를 1번, 12단에 1코를 2번 늘리고 9단을 증감 없이 더 뜬다.
3. 소매곡선은 1단에 3코를 1번, 2단에 2코 1번, 2단에 1크 12번, 2단에 2코 2번, 2단에 3코를 1번 줄임하고 1단을 뜬 다음 남은 12코는 코막음한다.

마무리하기

1. 앞뒤 몸판을 겉끼리 마주 대고 안쪽에서 덮어씌우기로 어깨를 잇는다.
2. 몸판과 소매의 옆선을 꿰맨다.
3. 몸판 진동과 소매 곡선 부분을 겉끼리 마주 대고 코바늘을 이용해 빼뜨기로 연결한다.
4. 목둘레는 코바늘 5/0호를 사용해서 되돌아 짧은뜨기 1단을 돌린다.

머스터드 컬러 서머 베스트

PAGE ⋯⋯ **34p.**

완성치수
- 가슴둘레 : 90cm
- 옷길이 : 54cm

뒤판 뜨기

1 3.5mm 대바늘로 99코 잡아 1코 고무뜨기 20단을 뜬다.

2 4mm 대바늘로 바꿔 무늬뜨기 134단을 뜬다.

3 뒷목파임은 오른쪽 어깨코 25코와 3코를 더해 총 28코를 뜬 다음, 되돌려서 2단에 2코를 1번, 2단에 1코를 1번 줄이고 2단을 증감 없이 뜬다.

4 새로 실을 걸어 뒷목 43코를 코막음하고 왼쪽 어깨를 오른쪽과 대칭되게 뜬다.

앞판 뜨기

1 3.5mm 대바늘로 99코 잡아 1코 고무뜨기 20단을 뜬다.

2 4mm 대바늘로 바꿔 무늬뜨기 106단을 뜬다.

3 앞목파임은 40코를 뜬 다음 되돌려 2단에 4코를 1번, 2단에 3코 1번, 2단에 2코 1번, 2단에 1코 4번, 4단에 1코 1번, 6단에 1코를 1번 줄이고 10단을 증감 없이 더 뜬다.

4 새로 실을 걸어 가운데 19코를 코막음하고 오른쪽과 대칭으로 앞목파임을 한다.

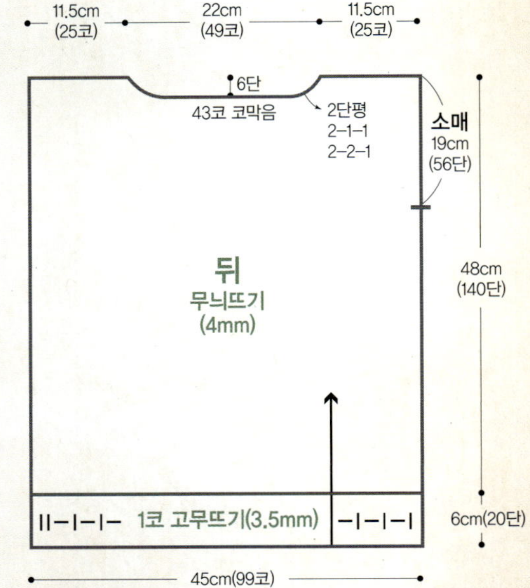

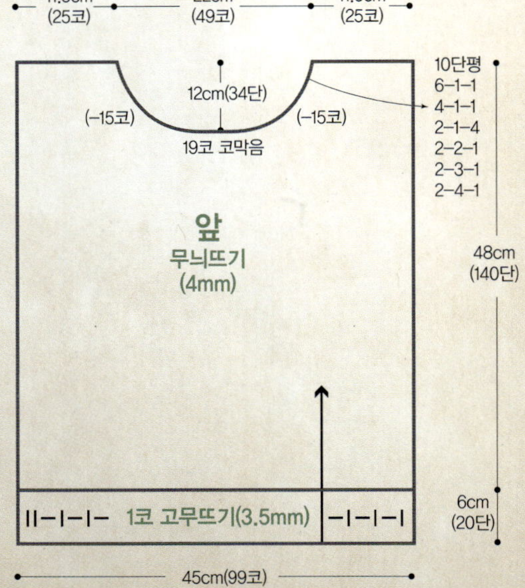

무늬뜨기

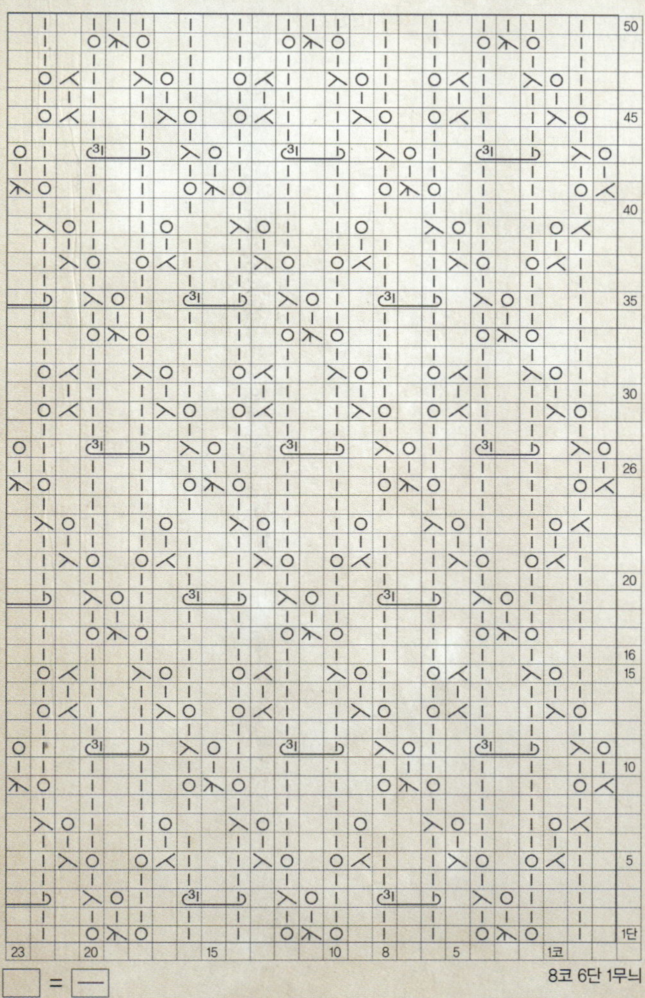

□ = ─

8코 6단 1무늬

마무리하기

1 앞뒤 몸판을 겉끼리 마주 대고 안쪽에서 덮어씌우기로 어깨를 잇는다.

2 소매 부분 56단을 제외하고 몸판의 옆선을 꿰맨다.

3 목둘레는 3.5mm 대바늘로 앞목에서 89코, 뒷목에서 55코를 잡아 원형으로 1코 고무뜨기 8단을 뜨고 돗바늘로 마무리한다.

4 진동둘레는 3.5mm 대바늘로 위트임을 주기 위해 어깨선에서부터 97코를 주워 1코 고무뜨기 16단을 왕복으로 뜨고 돗바늘로 마무리한다.

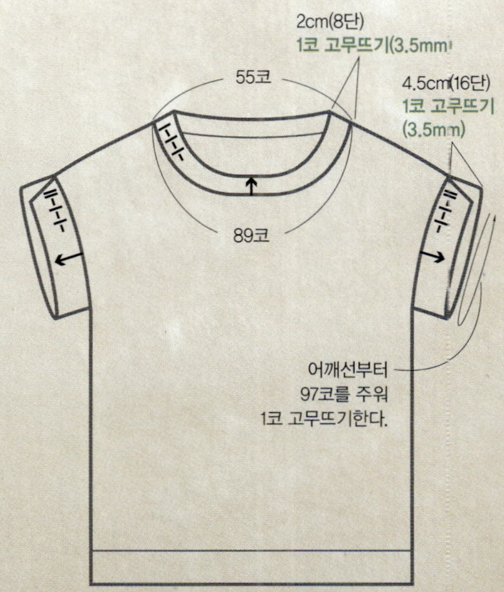

자연빛 머금은 코바늘 그립백

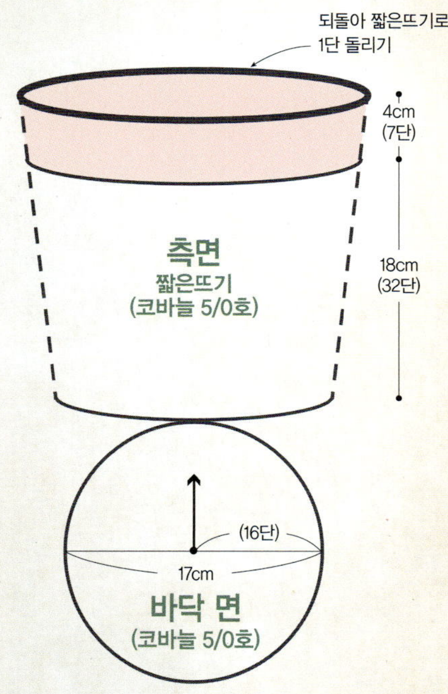

가방 뜨기

1 복합 레이온사를 이용해 5/0호 코바늘로 원형 7코를 만든다.
16단까지 7코씩 늘려가면서 짧은뜨기로 원형의 바닥면을 만
든다.

2 가방 옆면은 도안을 참조해 중간 중간 코를 늘려가면서 32단
까지 뜬다. 이어서 위로 7단은 빨간색 실로 더 뜨고, 되돌아
짧은뜨기 1단을 더 뜬다.

3 가방 입구에 가죽 끈을 꿰매면 완성된다.

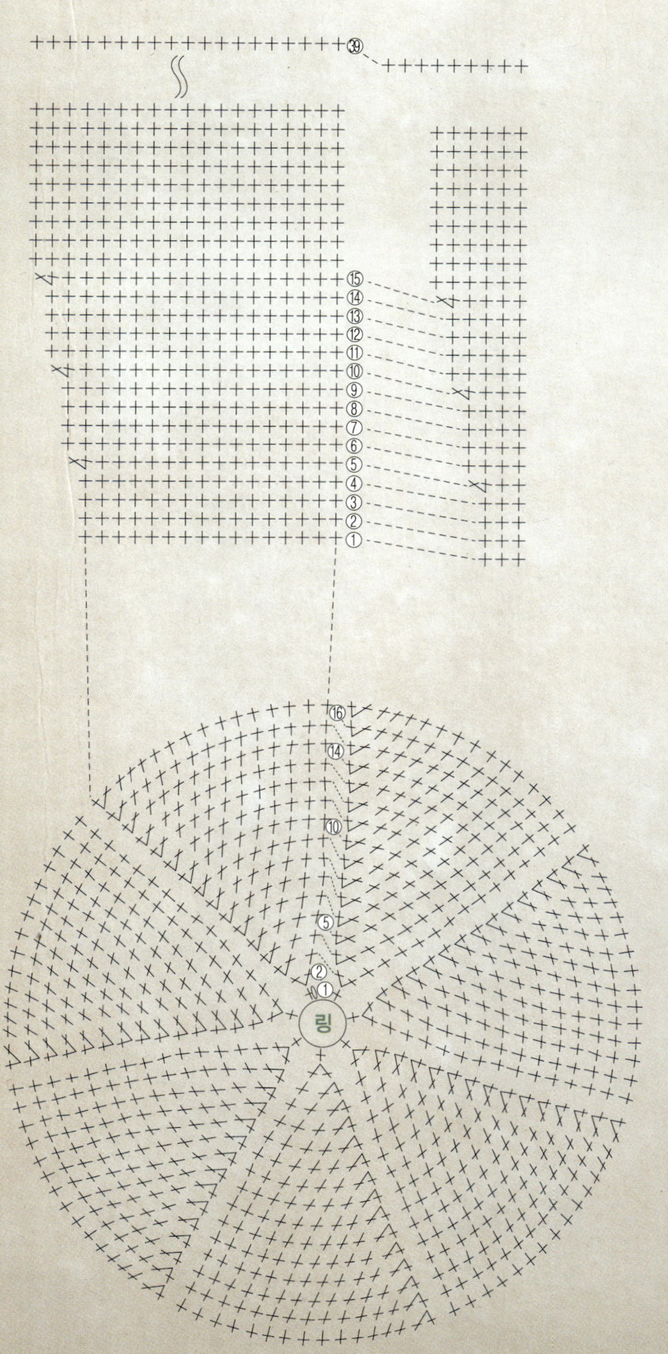

단수	증감코	전체콧수
33단	증감 없음	113코(빨강색 실)
16~33단	증감 없음	133코
15	+7	133코
14	증감 없음	126코
13	증감 없음	126코
12	증감 없음	126코
11	증감 없음	126코
10	+7	126코
9	증감 없음	119코
8	증감 없음	119코
7	증감 없음	119코
6	증감 없음	119코
5	+7	119코
4	증감 없음	112코
3	증감 없음	112코
2	증감 없음	112코
1	증감 없음	112코

(측면)

단수	증감코	전체콧수
16	+7	112코
15	+7	105코
14	+7	98코
13	+7	91코
12	+7	84코
11	+7	77코
10	+7	70코
9	+7	63코
8	+7	56코
7	+7	49코
6	+7	42코
5	+7	35코
4	+7	28코
3	+7	21코
2	+7	14코
1	원을 만들어 7코로 시작	

(측면)

14 진핑크 풀오버

PAGE ······ **38p.**

뒤판 뜨기

1. 4.5mm 대바늘로 96코 잡아 2코 고무뜨기 18단을 뜬다.

2. 5mm 대바늘로 바꿔 가운데 74코는 무늬뜨기로, 나머지 양쪽 11코씩은 메리야스뜨기로 100단을 뜬다.

3. 진동줄임은 양쪽으로 5코씩 코막음하며 44단까지 뜬다.

4. 오른쪽 어깨코 24코와 뒷목파임 4코를 더해 총 28코를 뜬 다음 되돌려 2단에 2코를 1번, 2단에 1코를 2번 줄이고 2단을 증감 없이 뜨면서, 이때 동시에 6코씩 3번 되돌려가며 어깨처짐을 한다.

5. 새로 실을 걸어 뒷목 30코를 코막음하고 왼쪽 어깨를 오른쪽과 대칭되게 뜬다.

앞판 뜨기

1. 4.5mm 대바늘로 96코 잡아 2코 고무뜨기 18단을 뜬다.

2. 5mm 대바늘로 바꿔 가운데 74코는 무늬뜨기로, 나머지 양쪽 11코씩은 메리야스뜨기 82단 뜬다.

3. 진동줄임은 양쪽으로 5코씩 코막음하며 26단까지 뜬다.

4. 앞목파임은 36코를 뜬 다음 되돌려서 2단에 4코를 1번, 2단에 3코를 1번, 2단에 2코를 1번, 2단에 1코를 2번, 4단에 1코를 1번 줄이고 6단을 증감 없이 뜬다. 이때 동시에 6코씩 3번 되돌려가며 어깨처짐을 한다.

5. 새로 실을 걸어 앞목 14코를 코막음하고 왼쪽은 오른쪽과 대칭되게 뜬다.

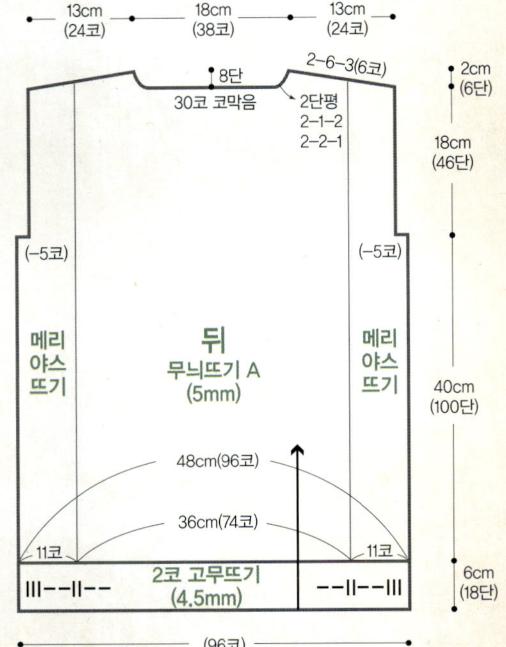

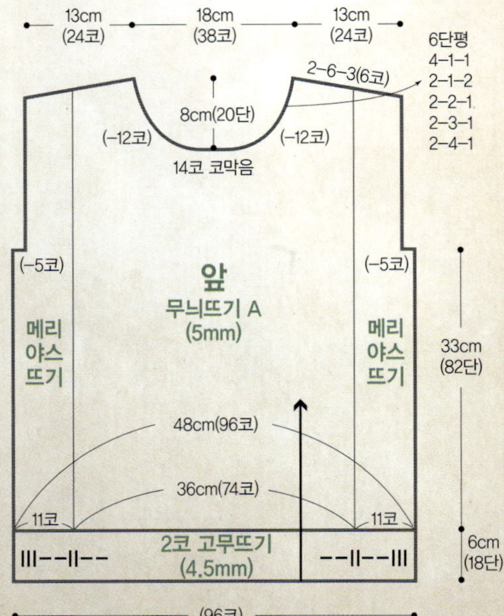

게이지

19코×25단 (10㎠, 메리야스뜨기)
20.5코×25단 (10㎠, 무늬뜨기)

바늘

4.5mm, 5mm, 돗바늘

실

진핑크 울메탈사 13볼 (325g)

무늬뜨기 A

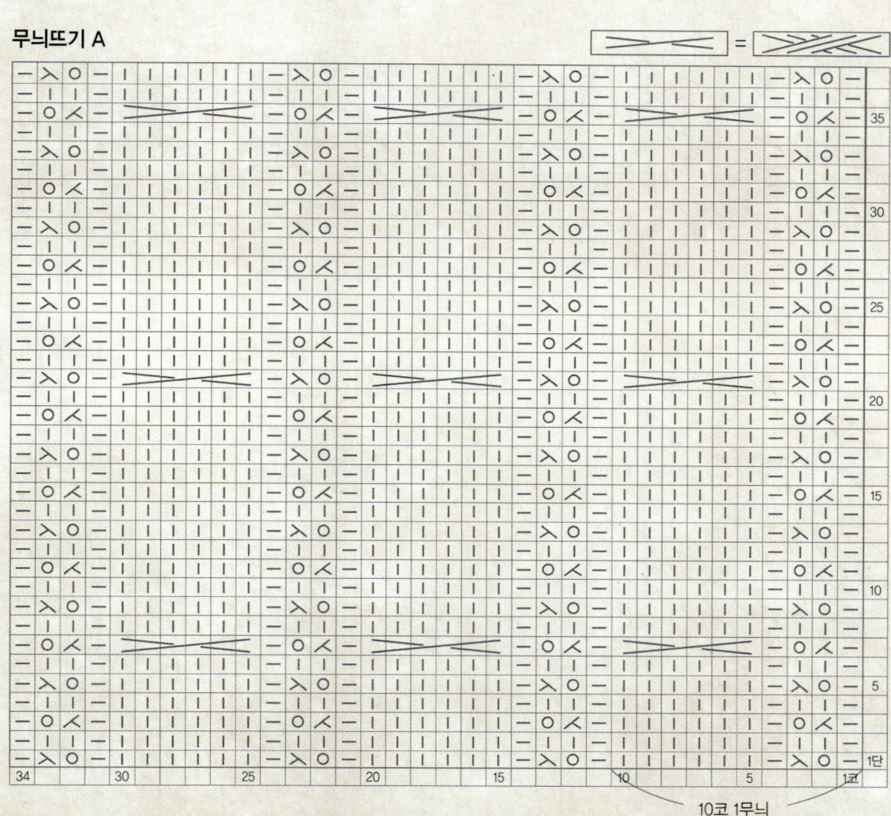

무늬뜨기 B

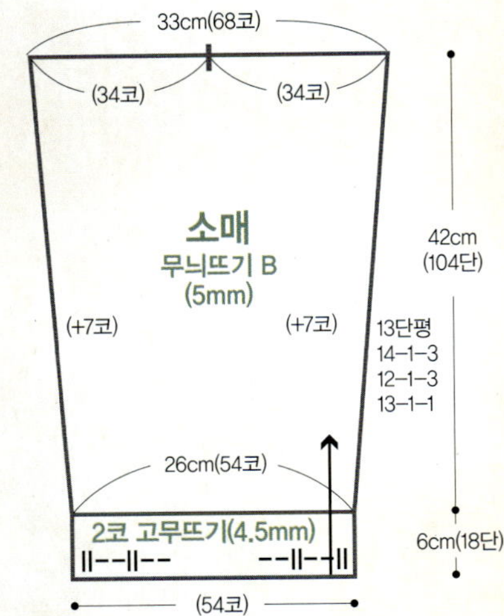

소매 뜨기

1 4.5mm 대바늘로 54코를 잡아 2코 고무뜨기 18단을 뜬다.
2 5mm 대바늘로 바꿔 양쪽 끝에서 13단에 1코를 1번, 12단에
   1코를 3번, 14단에 1코씩 3번 늘리고 증감 없이 13단을 더 뜬
   다(무늬뜨기B). 남은 68코는 쉼코로 둔다.

마무리하기

1 앞뒤 몸판을 겉끼리 마주 대고 안쪽에서 덮어씌우기로 어깨
   를 잇는다.
2 소매의 쉼코로 두었던 부분을 몸판의 진동둘레에 맞춰 돗바
   늘로 잇는다.
3 몸판의 고무단 부분만 제외하고 옆선을 꿰맨다.
4 목둘레는 4.5mm 대바늘로 앞목에서 56코, 뒷목에서 44코
   를 잡은 뒤, 원형으로 2코 고무뜨기 8단을 뜨고 돗바늘로 마
   무리한다.

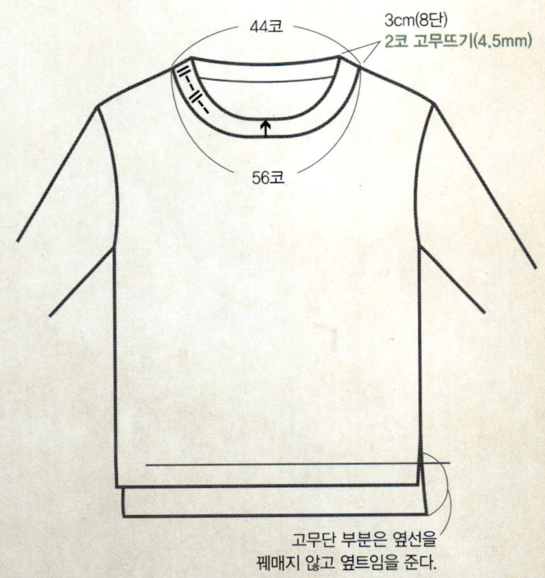

13 니트 코르사주

PAGE ····· 37p.

완성치수 지름 약 8cm

바늘 코바늘 5/0호

실 다양한 종류의 자투리 실

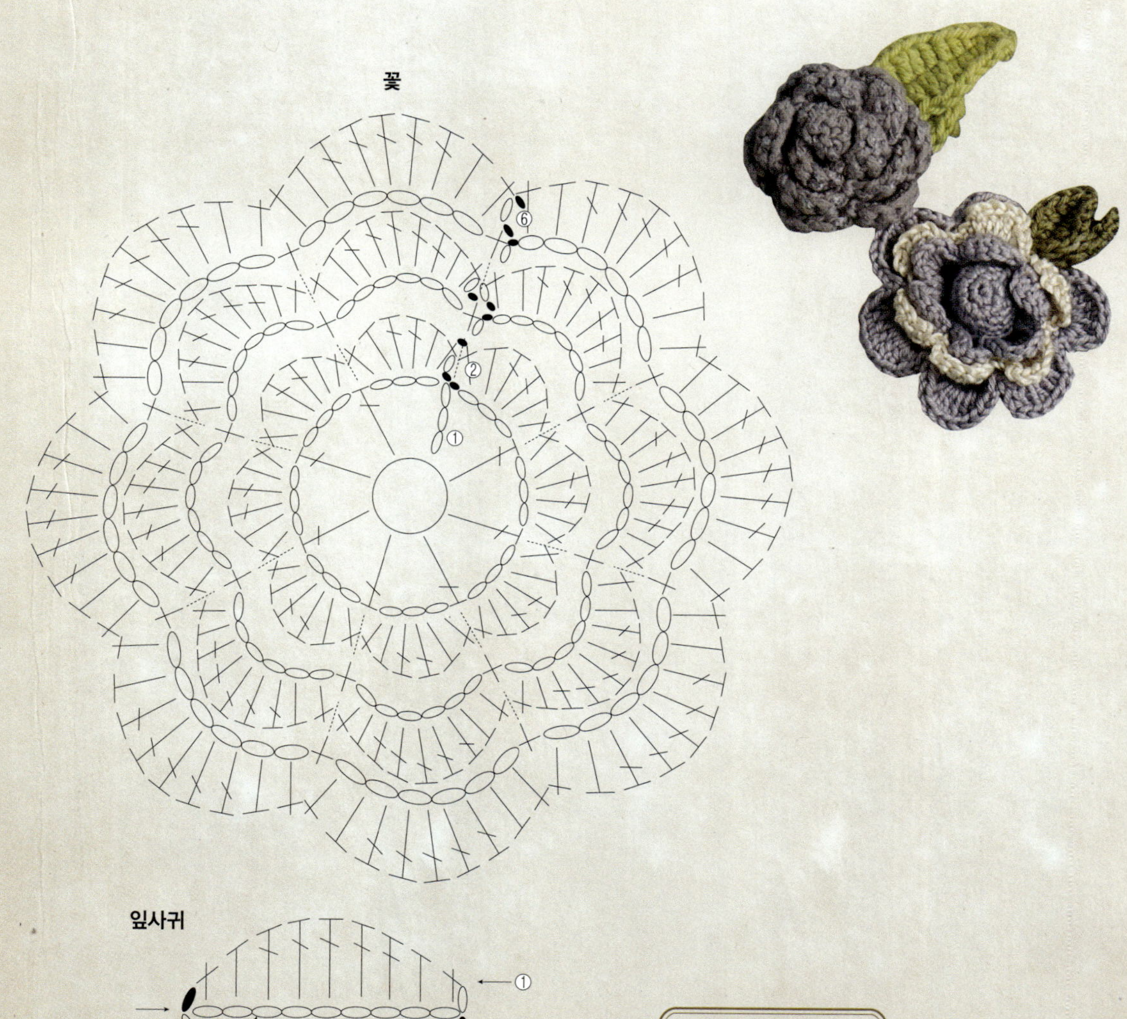

꽃

잎사귀

코르사주 뜨기

1 여러 가지 종류의 자투리 색실을 사용한다. 우선 코바늘로 원형코를 잡아 도안을 참고해 꽃 모티프를 만들면서 뜨면 코르사주가 완성된다.

15 남성용 터틀넥 퍼플 베스트

PAGE ...... **40p.**

완성치수
- 가슴둘레 : 108cm (100 사이즈)
- 옷길이 : 67cm
- 어깨너비 : 45cm

뒤판 뜨기

1 5mm 대바늘로 98코 잡아 1코 고무뜨기 8단을 뜬다.

2 5.5mm 대바늘로 바꿔 메리야스뜨기 100단 뜬다.

3 진동줄임은 1단 째 3코를 1번, 2단에 2코 2번, 2단에 1코 4번, 4단에 1코를 1번 줄임하고 43단을 증감 없이 더 뜬다.

4 오른쪽 어깨코 21와 뒷목파임 2코를 더해 총 23코를 뜬 다음 되돌려서 2단에 1코를 2번 줄이고 2단을 증감 없이 뜨면서, 이때 동시에 7코씩 2번 되돌려가며 어깨처짐을 한다.

5 새로 실을 걸어 뒷목 28코를 코막음하고 왼쪽 어깨를 오른쪽과 대칭되게 뜬다.

앞판 뜨기

1 5mm 대바늘로 98코 잡아 1코 고무뜨기 8단을 뜬다.

2 5.5mm 대바늘로 바꿔 양쪽 22코씩은 메리야스뜨기로, 가운데 54코는 무늬뜨기로 뜨면서 총 100단을 뜬다.

3 진동줄임은 뒤판과 같게 하고 33단을 증감 없이 더 뜬다.

4 앞목파임은 32코를 뜬 다음 되돌려 2단에 4코를 1번, 2단에 3코 1번, 2단에 2코 1번, 2단에 1코를 2번 줄이고 6단을 증감 없이 더 뜬다. 동시에 뒤 몸판과 동일하게 어깨처짐을 한다.

5 새로 실을 걸어 가운데 10코를 코막음하고 오른쪽과 대칭으로 앞목파임을 한다.

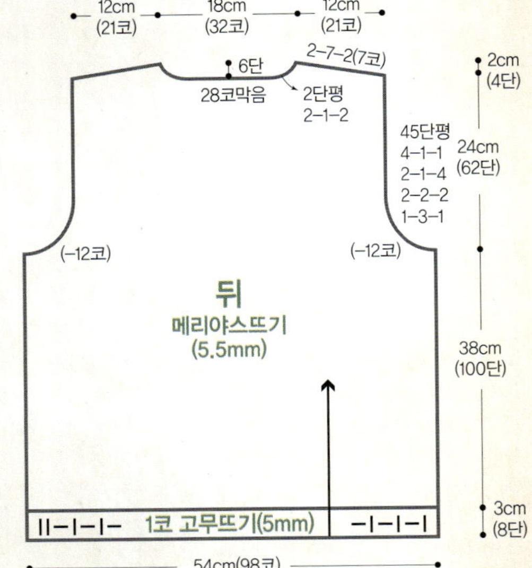

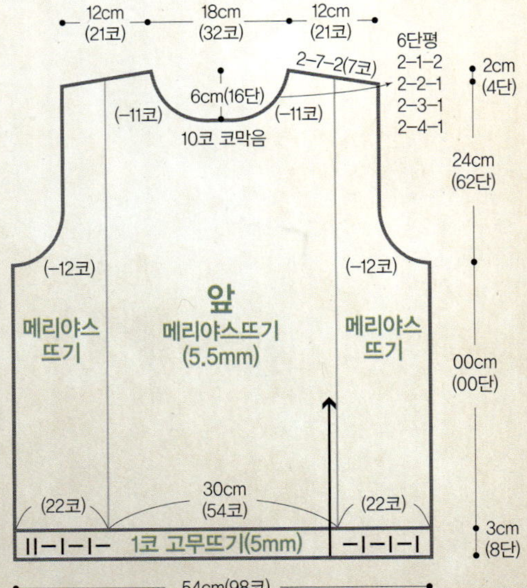

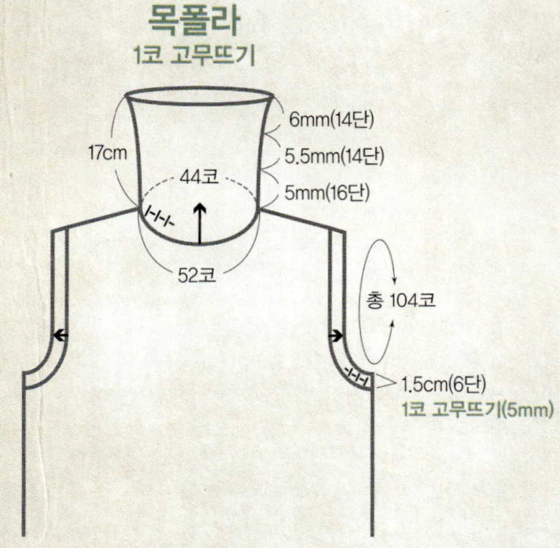

마무리하기

1 앞뒤 몸판을 걸끼리 마주 대고 안쪽에서 덮어씌우기로 어깨를 잇는다.

2 몸판의 옆선을 꿰맨다.

3 목둘레는 5mm 대바늘로 앞목에서 52코, 뒷목에서 44코를 잡아 원형으로 1코 고무뜨기 16단을 뜬다. 이어서 5.5mm로 14단, 6mm로 14단을 더 뜬 뒤 돗바늘로 마무리한다.

4 진동둘레는 5mm 대바늘로 앞뒤 둘레에서 총 104코 주워 원형으로 1코 고무뜨기 6단을 뜨고 돗바늘로 마무리한다.

무늬뜨기

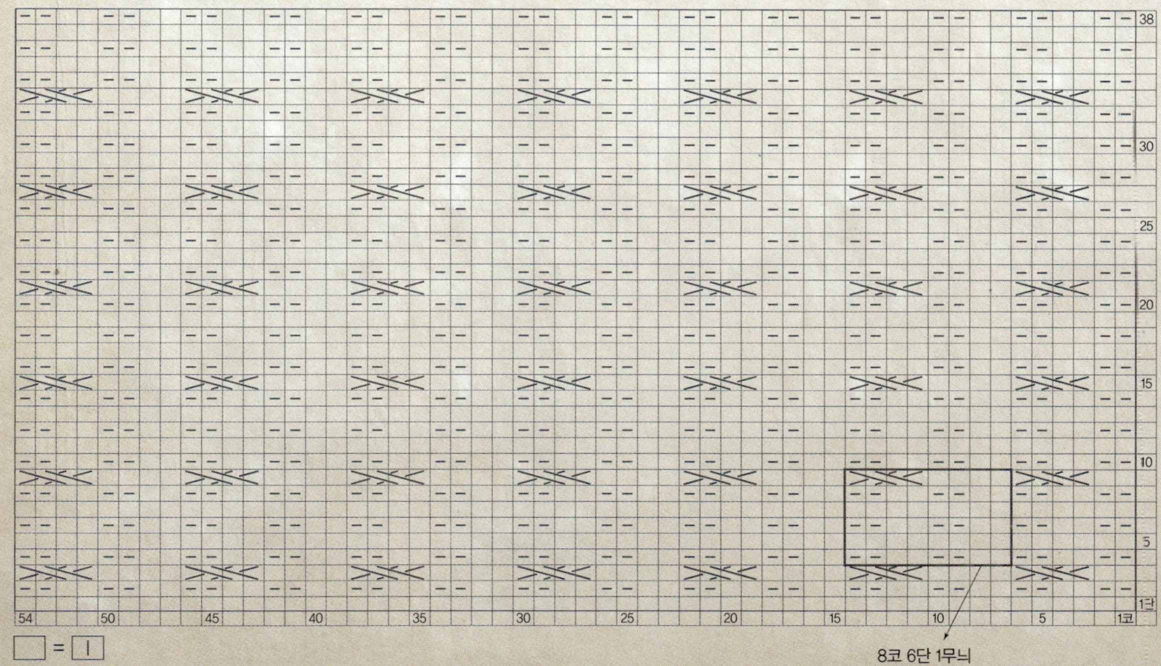

16 남성용 그러데이션 칼라 풀오버

PAGE ...... **44p.**

완성치수

(남성 95사이즈)
• 가슴둘레 : 104cm
• 옷길이 : 65.5cm
• 어깨너비 : 39cm

뒤판 뜨기

1 모헤어 1겹과 네이비 메리노울 1겹을 함께 잡아 4mm 대바늘로 100코 잡고 1코 고무뜨기 22단을 뜬다.

2 4.5mm 대바늘로 바꿔 18단마다 와인과 네이비 컬러를 번갈아 배색하면서 메리야스뜨기로 90단을 뜬다.

3 진동줄임은 1단째 3코를 1번, 2단에 2코를 3번, 2단에 1코를 3번, 4단에 1코를 1번 줄임하고 39단을 증감 없이 뜬다.

4 오른쪽 어깨코 21코와 뒷목파임 2코를 더해 총 23코를 뜬 다음, 되돌려서 2단에 1코를 2번 줄이고 2단을 증감 없이 뜬다. 이때 동시에 7코씩 2번 되돌려가며 어깨처짐을 한다.

5 새로 실을 걸어 뒷목 28코를 코막음하고, 왼쪽 어깨는 오른쪽과 대칭이 되도록 뜬다.

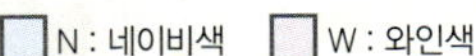

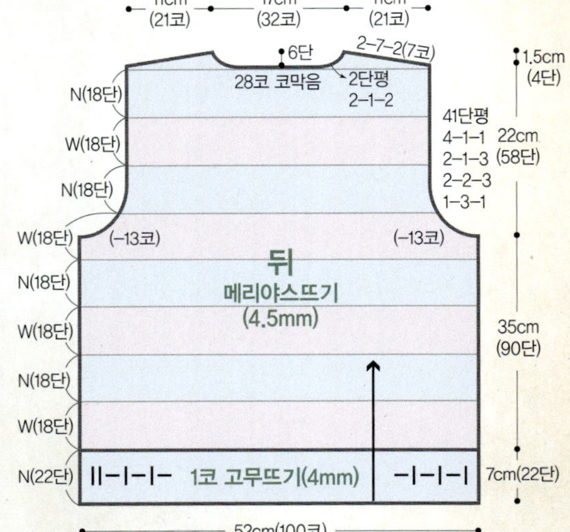

앞판 뜨기

1 4mm 대바늘로 100코 잡아 1코 고무뜨기 22단을 뜬다.

2 4.5mm 대바늘로 바꿔 18단마다 와인과 네이비 컬러를 번갈아 배색하면서 메리야스뜨기로 90단을 뜬다.

3 진동줄임은 뒤판과 동일하게 하고 3단을 증감 없이 뜬다.

4 왼쪽 몸판 34코만 24단을 뜬 뒤 앞목파임은 2단에 4코를 1번, 2단에 3코를 2번, 2단에 2코를 1번, 2단에 1코를 1번 줄이고 8단을 증감 없이 뜬다. 이때 동시에 7코씩 2번 되돌려가며 어깨처짐을 한다.

5 새로 실을 걸어 가운데 6코를 코막음하고, 오른쪽은 왼쪽과 대칭이 되도록 앞목파임을 한다.

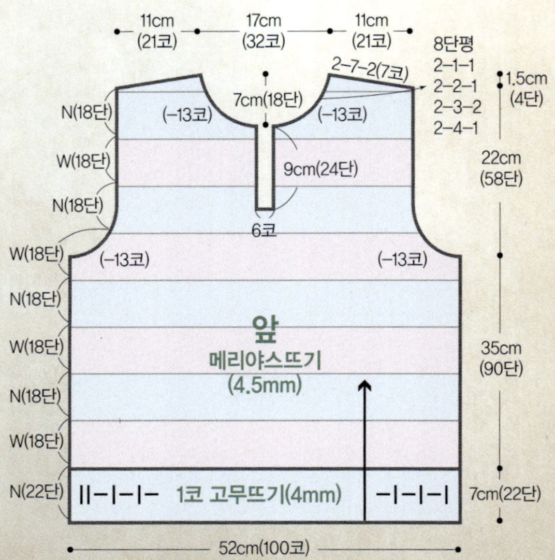

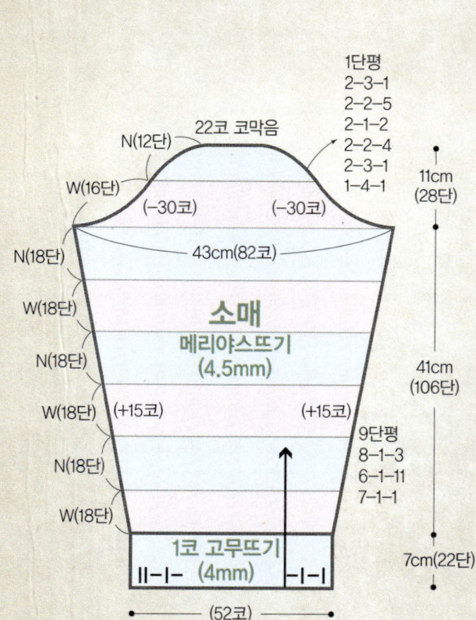

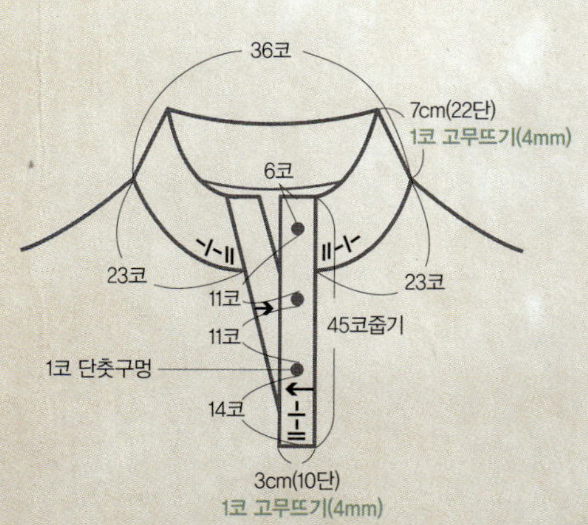

소매 뜨기

1 4mm 대바늘로 52코 잡아 1코 고무뜨기 22단을 뜬다.

2 4.5mm 대바늘로 바꿔 메리야스뜨기 106단을 뜨는데, 이때 양쪽 끝에서 7단에 1코를 1번, 6단에 1코를 11번, 8단에 1코를 3번 늘리고 9단을 증감 없이 더 뜬다(18단마다 그림처럼 실 색상을 바꿔가며 뜰 것).

3 소매 곡선은 1단에 4코를 1번, 2단에 3코를 1번, 2단에 2코를 4번, 2단에 1코를 2번, 2단에 2코를 5번, 2단에 3코를 1번 줄임하고 1단을 뜬 다음, 남은 22코는 코막음한다.

마무리하기

1 앞뒤 몸판을 겉끼리 마주 대고 안쪽에서 덮어씌우기로 어깨를 잇는다.

2 몸판과 소매의 옆선을 꿰맨다.

3 몸판의 진동과 소매의 곡선 부분을 겉끼리 마주 대고 코바늘을 이용해 빼뜨기로 연결한다.

4 목둘레는 4mm 대바늘로 앞목에서 23코씩, 뒷목에서 36코 잡아 1코 고무뜨기 22단을 뜨고 돗바늘로 마무리한다.

5 4mm 대바늘로 양쪽 여밈에서 45코씩 주워 1코 고무뜨기 10단을 뜨고, 돗바늘로 1코 고무뜨기 마무리한다. 이때 왼쪽은 14단째 밑에서부터 11코 간격으로 1코 단춧구멍 3개를 만든다.

핑크 롱 후드 베스트

PAGE ······ 46p.

뒤판 뜨기

1. 5.5mm 대바늘로 114코 잡아 2코 고무뜨기 6단을 뜬다.

2. 이어서 양쪽 12코씩은 2코 고무뜨기로, 가운데 90코는 메리야스뜨기로 118단을 뜬다.

3. 진동줄임은 양쪽에서 8코씩 코막음하고 1단에 1코씩 12번 줄임 한 뒤 17단을 뜬다. 이때 양쪽 7코씩은 1코 고무뜨기로 뜬다.

4. 뒷목파임은 오른쪽 어깨코 24코와 2코를 더해 총 26코를 뜬 다음, 되돌려서 2단에 2코를 1번 줄이고 2단을 증감 없이 뜬다.

5. 새로 실을 걸어 뒷목 22코를 코막음하고, 왼쪽 어깨는 오른쪽과 대칭이 되도록 뜬다.

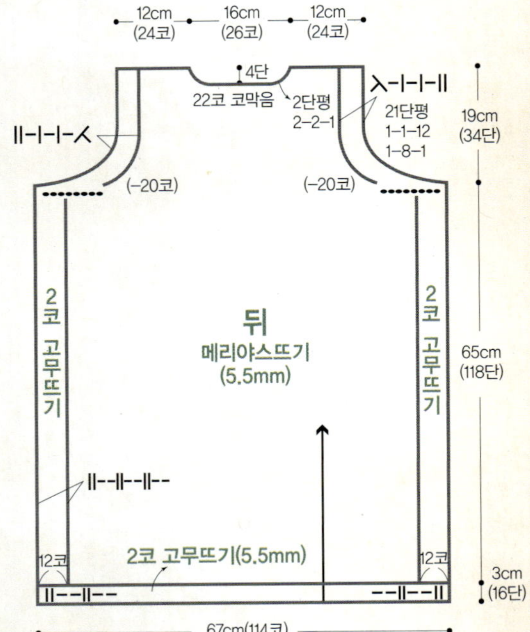

앞판 뜨기

1. 5.5mm 대바늘로 114코 잡아 2코 고무뜨기 6단을 뜬다.

2. 뒤판과 동일하게 118단까지 뜬다.

3. 진동줄임도 뒤판과 동일하게 하며 13단 째부터는 왼쪽 37코만 10단을 뜬다. 앞목파임은 2단에 6코를 1번, 2단에 4코를 1번, 2단에 2코를 1번, 2단에 1코를 1번 줄이고 4단을 증감 없이 뜬다.

4. 새로 실을 걸어 오른쪽 37코를 10단 뜨고, 오른쪽은 왼쪽과 대칭이 되도록 앞목파임을 한다.

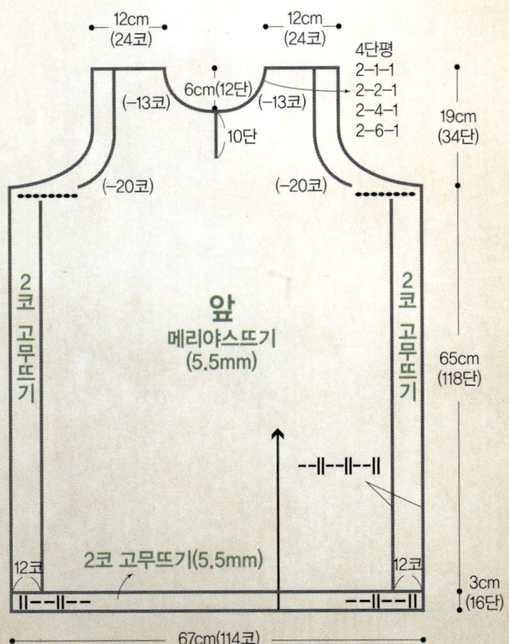

게이지
17코×18단 (10㎠, 메리야스뜨기)

바늘
5.5mm

실
연핑크 실크 레이온사 16볼 (640g)

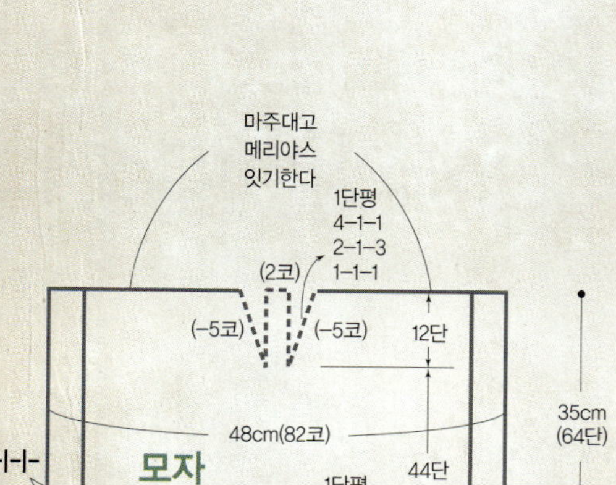

마무리하기

1. 앞뒤 몸판을 겉끼리 마주 대고 안쪽에서 덮어씌우기로 어깨를 잇는다.

2. 몸판의 옆선은 아래쪽 25cm 정도에 트임을 준 채 나머지 부분만 꿰맨다.

3. 모자는 5.5mm 대바늘로 앞목에서 23코씩 뒷목에서 30코, 총 76코를 줍는다. 가운데 중심 2코를 기준으로 해 양쪽으로 3단에 1코를 1번, 2단에 1코를 2번 늘리고 45단을 증감 없이 뜬다. 이어서 가운데 중심 2코를 기준으로 양쪽에서 1단에 1코를 1번, 2단에 1코를 3번, 4단에 1코를 1번 늘리고 증감 없이 1단 뜬 뒤 반 접어 메리야스잇기한다.

18 카키 퍼 쇼트 베스트

PAGE ······ **48p.**

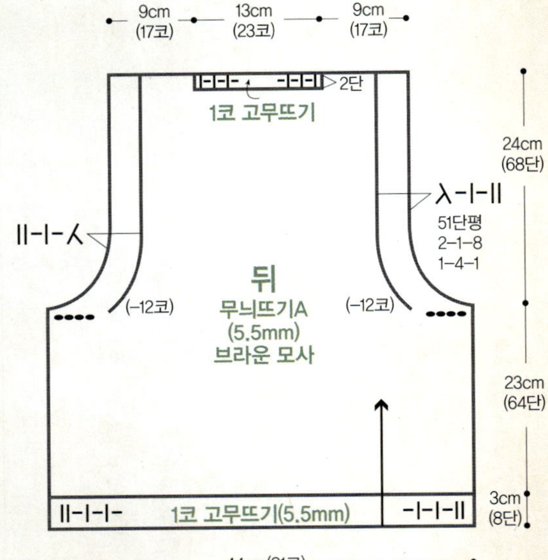

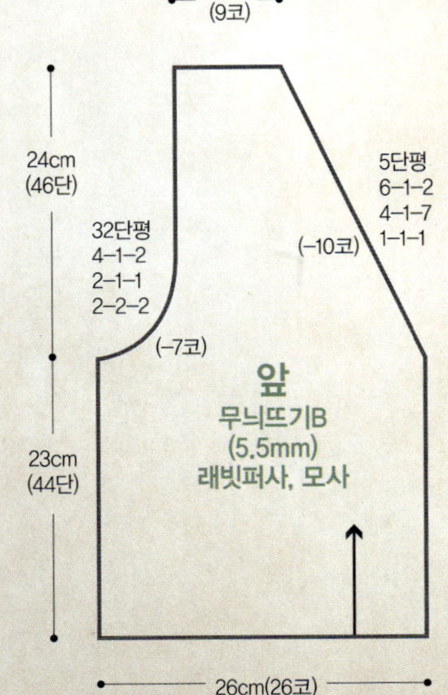

뒤판 뜨기

1. 5.5mm 대바늘로 브라운 모사를 81코 잡아 1코 고무뜨기 8단을 뜬다. 이어서 무늬뜨기 A를 참고해 64단을 뜬다.

2. 진동줄임은 양쪽을 4코씩 코막음하고 2단에 1코씩 8번 줄임한 뒤 51단을 뜨는데, 양쪽 5코씩은 1코 고무뜨기로 뜬다. 이때 마지막 2단은 뒷목 깃고대에 해당하는 23코는 1코 고무뜨기로 뜨고 돗바늘로 마무리한다.

앞판 뜨기

1. 5.5mm 대바늘로 카키 래빗퍼사를 26코 잡아 가터뜨기 2단을 뜬다. 이어서 브라운 모사로 2단을 메리야스뜨기한다. 다시 래빗퍼사로 가터뜨기 2단, 브라운 모사로 메리야스뜨기 2단을 번갈아 가면서 44단을 뜬다(래빗퍼사는 100% 리얼 퍼real fur이기 때문에 이 실로만 뜨면 신축성이 전혀 없어 편물이 딱딱해진다. 모사와 번갈아가며 뜨면 신축성이 좋고 부드러워진다).

2. 진동줄임은 2단에 2코씩 2번, 2단에 1코씩 1번, 4단에 1코씩 2번 줄이고 32단을 뜬다. 동시에 앞목 파임을 하는데 1단에 1코씩 1번, 4단에 1코씩 7번, 6단에 1코씩 2번 줄이고 5단을 더 뜬다.

게이지

18코×28단 (10㎠, 무늬뜨기 A)
10코×19단 (10㎠, 무늬뜨기 B)

바늘

5.5mm

실

브라운 모사 6볼 (240g)
카키 래빗퍼사 2볼 (100g)

마무리하기

1 앞뒤 몸판을 겉끼리 마주 대고 안쪽에서 덮어씌우기로 어깨를 잇는다(앞뒤판의 어깨 콧수에 차이가 날 때는 어깨를 이을 때 많은 쪽의 콧수를 2코씩 잡아가며 떠서 그 차이를 맞추면 된다).
2 몸판의 옆선을 돗바늘로 꿰맨다.

무늬뜨기 A

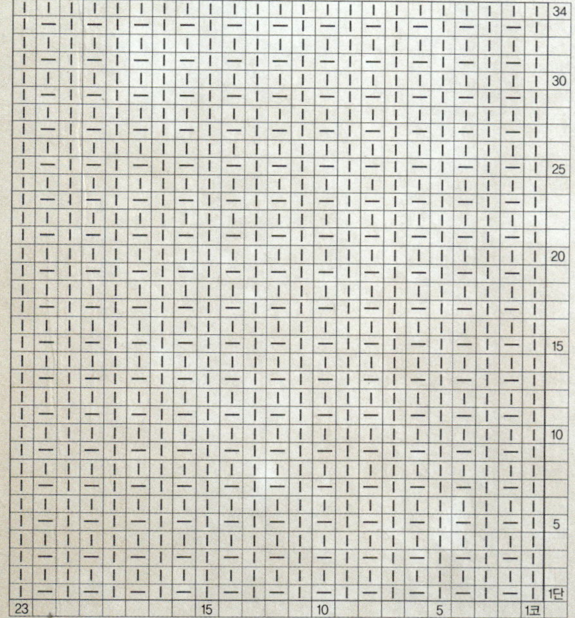

무늬뜨기 B

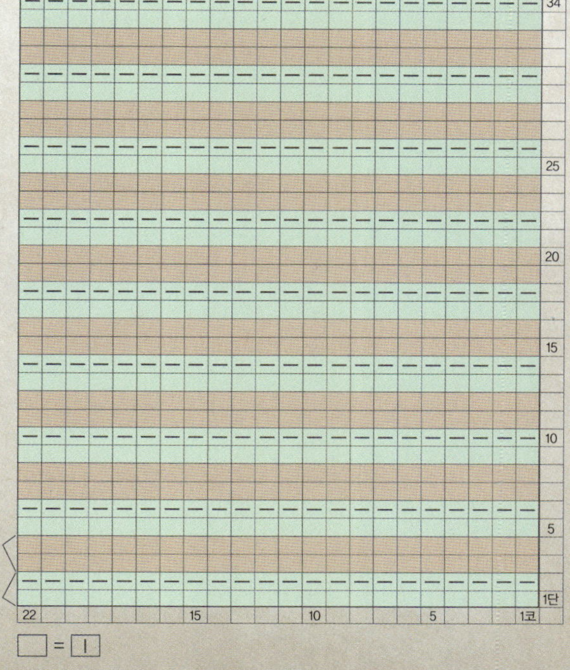

$$\square = \boxed{|}$$

세로 스트라이프 앞트임 베스트

PAGE ...... 50p.

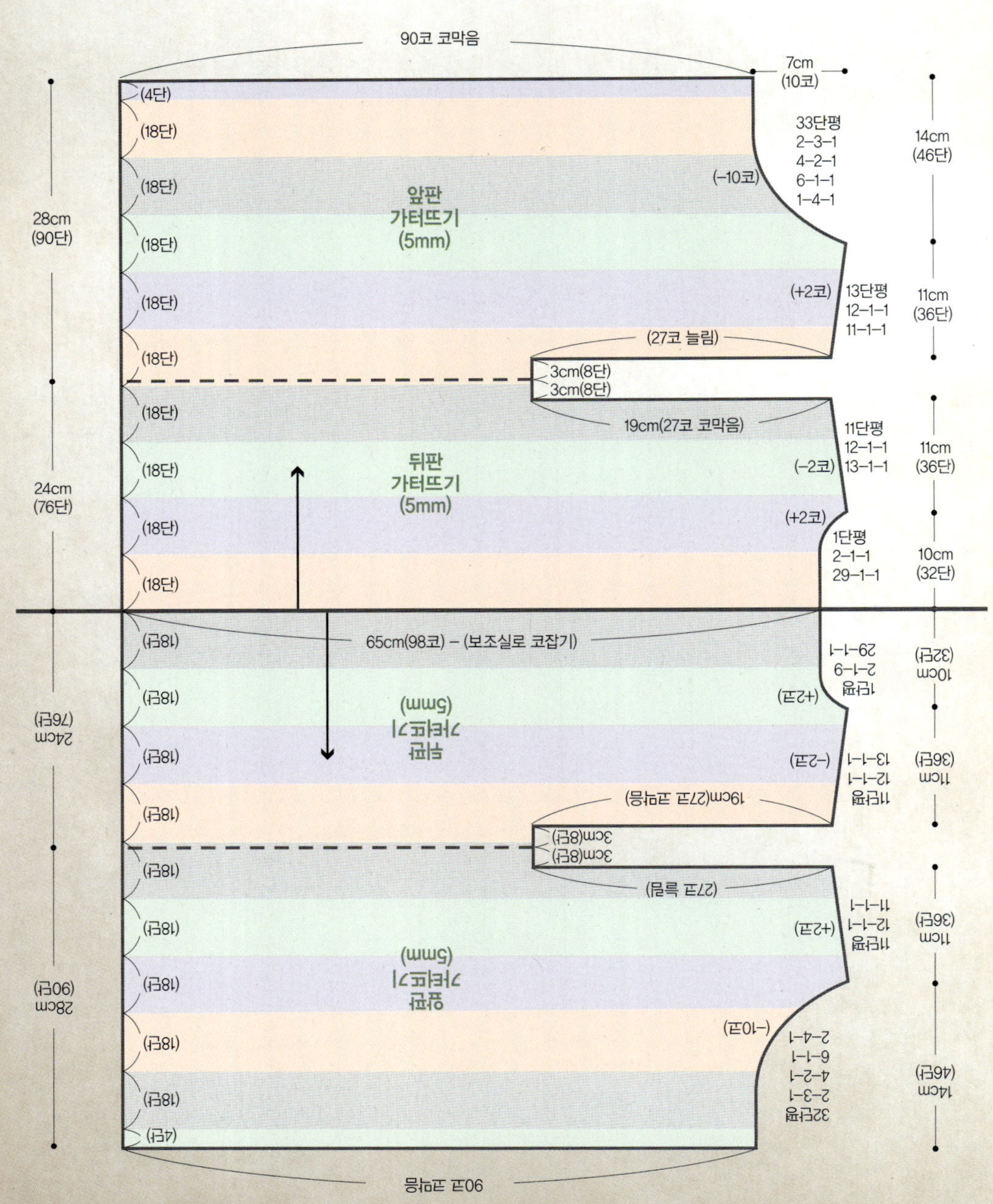

게이지

14코×32단 (10㎠, 가터뜨기)

바늘

4mm, 4.5mm, 5mm, 돗바늘

실

모헤어 혼방사 베이지·블루·그린·그레이 각 3볼씩 (120g씩)
모헤어 혼방사 레드 약간

앞뒤 몸판 뜨기

1 5mm 대바늘로 보조실(몸판 실과 다른 색상의 실) 98코를 잡아 가터뜨기 28단을 뜬다. 이때 그림과 같이 18단 간격마다 실 색상을 바꿔가며 배색한다.

2 29단 째 뒷목에 해당하는 부분에서 1코를 1번, 2단에 1코를 1번 늘리고 1단을 뜬다. 이어서 어깨 경사에 해당하는 36단은 13단에 1코를 1번, 12단에 1코를 1번 줄이고 11단을 증감 없이 더 뜬다.

3 진동부분 27코를 코막음하고 16단을 증감 없이 더 뜬다.

4 다시 27코를 감아코로 늘린 다음 앞판 어깨 부분 36단은 11단에 1코를 1번, 12단에 1코를 1번 늘려가며 뜨고 13단을 증감 없이 더 뜬다.

5 앞목파임은 1단에 4코를 1번, 6단에 1코를 1번, 4단에 2코를 1번, 2단에 3코를 1번 줄이고 33단을 증감 없이 뜬 다음 남은 90코는 코막음한다.

6 떠놓은 편물을 돌려서 처음 코를 잡았던 보조실을 풀어내고 반대쪽도 대칭으로 동일하게 뜬다.

마무리하기

1 어깨 부분을 겉면에서 돗바늘로 꿰맨다.

2 앞섶은 빨간색 실 2겹을 사용해 4mm 대바늘로 80코를 주워서 바로 코막음한다.

3 목둘레도 빨간색 실을 사용해 4.5mm 대바늘로 앞목에서 35코씩, 뒷목에서 37코를 주워 가터뜨기 26단을 뜨고 코막음한다.

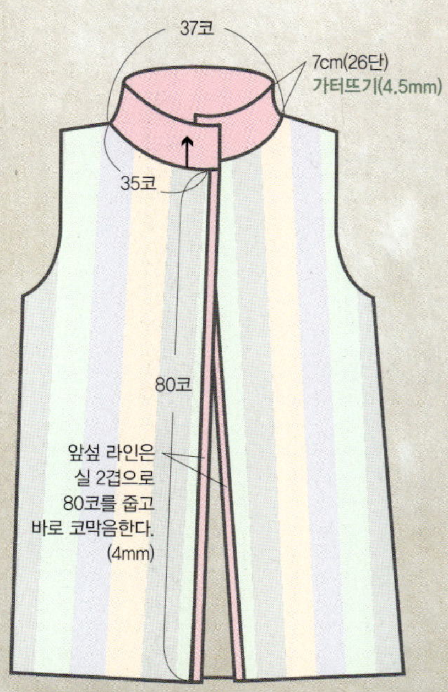

어깨 솔 부분 뜨기

1   4mm 대바늘로 62코 잡아 2코 고무뜨기 10단을 뜬다.

2   4.5mm 대바늘로 바꿔 메리야스뜨기 174단을 뜬 다음 다시
    4mm 대바늘로 바꿔 2코 고무뜨기 10단을 뜨고, 돗바늘로 2
    코 고무뜨기 마무리한다.

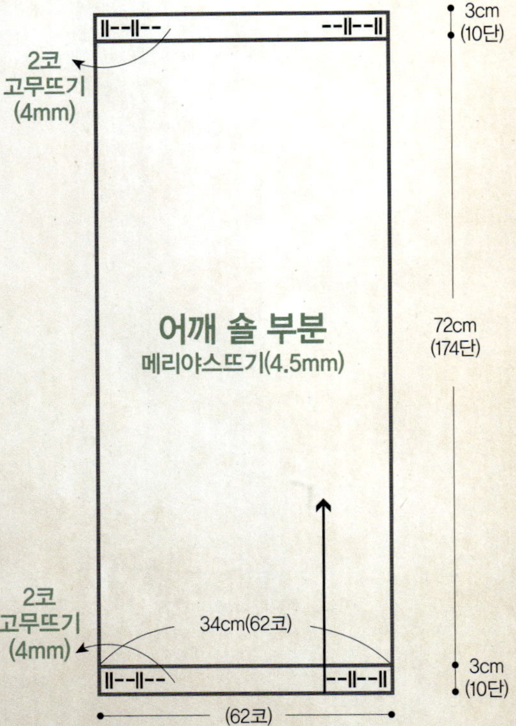

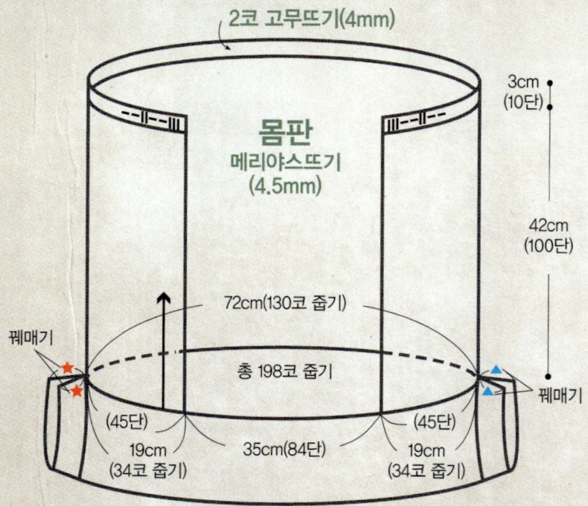

몸판 뜨기

1 4.5mm 대바늘로 떠 놓은 편물에서 양쪽 그무단 부분(★, ▲)은 돗바늘로 꿰맨다. 앞판에서 34코씩 (45단) 줍고 뒤판에서 130코, 총 198코를 주워 메리야스뜨기로 100단을 뜬다. 이어서 2코 고무뜨기 10단을 뜨고 돗바늘로 마무리한다.

마무리하기

1 4.5mm 대바늘로 앞섶 테두리 부분에서 앞에서 108코씩, 뒷목라인에서 82코, 총 298코를 주워 메리야스뜨기 40단을 뜨고 덮어씌워 코막음한다.

21 핑크 컬러 심플 롱 카디건

PAGE ⋯⋯ **58p.**

완성치수
- 가슴둘레 : 104cm
- 옷길이 : 85cm
- 어깨너비 : 39cm
- 소매길이 : 56.5cm

뒤판 뜨기

1 5mm 대바늘로 92코 잡아 가터뜨기 30단을 뜬다.

2 5.5mm 대바늘로 바꿔 메리야스뜨기 118단을 뜬다. 양 옆에
서 19단에 1코를 1번, 20단에 1코를 4번 줄인 뒤 19단을 증감
없이 뜬다.

3 진동줄임은 1단에 3코를 1번, 2단에 2코를 2번, 2단에 1코를
3번, 4단에 1코를 1번 줄이고 25단을 더 뜬다.

4 오른쪽 어깨코 17코와 뒷목파임 2코를 더해 총 19코를 뜬 다
음, 되돌려서 2단에 1코를 2번 줄이고 2단을 증감 없이 뜬다.
이때 동시에 6코씩 2번 되돌려가며 어깨처짐을 한다.

5 새로 실을 걸어 뒷목 22코를 코막음한다. 왼쪽 어깨는 오른
쪽과 대칭이 되게 뜬다.

앞판 뜨기

1 5mm 대바늘로 46코 잡아 가터뜨기 30단을 뜬다.

2 5.5mm 대바늘로 바꿔 뒤판과 동일하게 옆선 줄임을 하면서
118단을 뜬다(왼쪽 앞 몸판은 70단까지만 메리야스뜨기로 뜨고 이
어서 가터뜨기 50단, 메리야스뜨기 4단으로 뜬다).

3 진동줄임도 뒤판과 동일하게 하고 15단을 더 뜬다.

4 앞목파임은 1단에 4코를 1번, 2단에 3코를 1번, 2단에 2코를
2번, 2단에 1코를 2번 줄이고 7단을 증감 없이 뜬다. 이때 동
시에 6코씩 2번 되돌려가며 어깨처짐을 한다.

5 대칭으로 1장 더 뜬다.

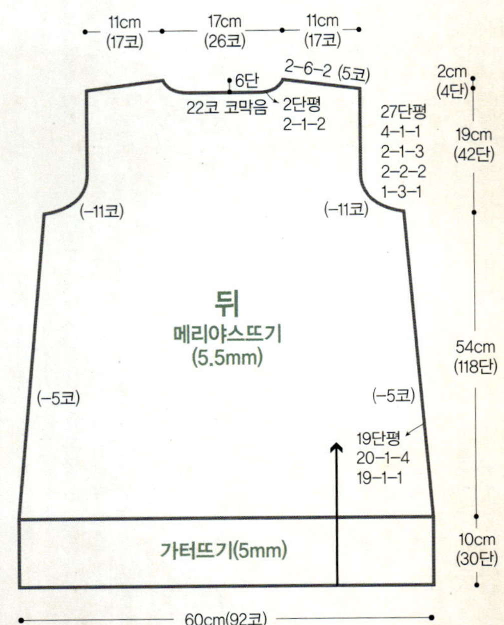

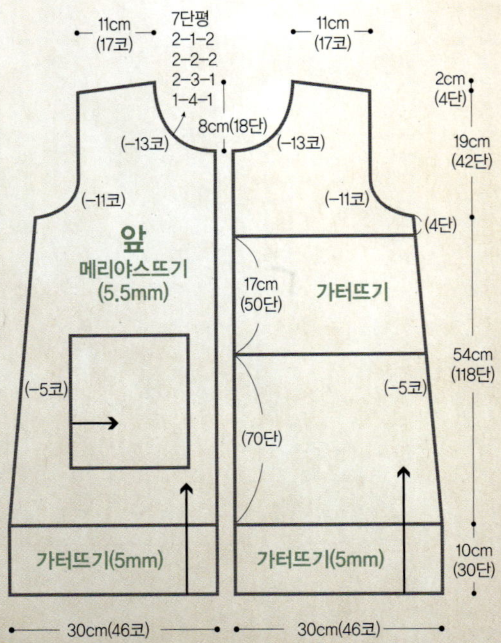

게이지
15.5코×22단 (10㎠, 메리야스뜨기)

바늘
4mm, 4.5mm, 5mm
코바늘, 돗바늘

실
모헤어 합성사
핑크 14볼 (560g)

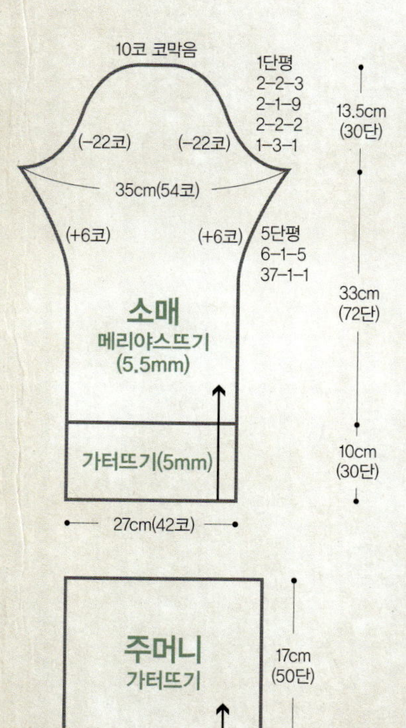

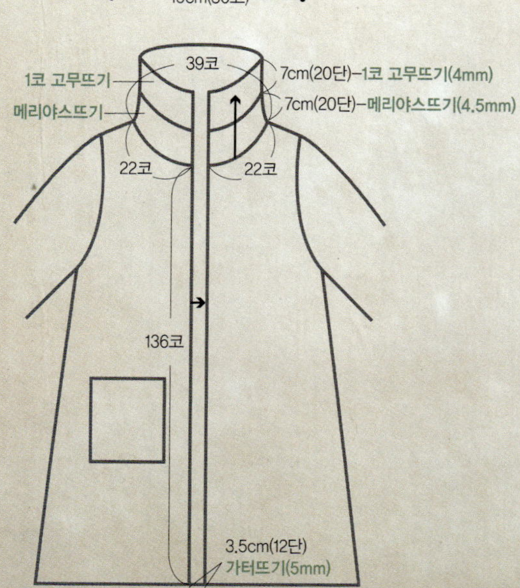

소매 뜨기

1 5mm 대바늘로 42코 잡아 가터뜨기 30단을 뜬다.

2 5.5mm 대바늘로 바꿔 메리야스뜨기 72단을 뜨는데 양쪽 끝에서 37단에 1코를 1번, 6단에 1코를 5번 늘리고 5단을 증감 없이 더 뜬다.

3 소매 곡선은 1단에 3코를 1번, 2단에 2코를 2번, 2단에 1코를 9번, 2단에 2코를 3번 줄임하고 1단을 뜬 다음 남은 10코는 코막음한다.

마무리하기

1 앞뒤 몸판을 겉끼리 마주 대고 안쪽에서 덮어씌우기를 해 어깨를 잇는다.

2 몸판과 소매의 옆선을 꿰맨다.

3 몸판 진동과 소매의 곡선 부분을 겉끼리 마주 댄 채 코바늘을 이용해서 빼뜨기로 연결한다.

4 목둘레 칼라는 4.5mm 대바늘로 앞목에서 각각 22코씩, 뒷목에서 39코를 잡아 메리야스뜨기 20단을 뜬다. 이어서 4mm 대바늘로 바꿔 1코 고무뜨기 20단을 뜬 다음 코막음한다. 안으로 반 접어 넣고 감침질한다.

5 앞섶은 5mm 대바늘로 136코 잡아 가터뜨기 12단을 프고 코막음한다.

6 주머니는 5.5mm 대바늘로 30코 잡아 50단을 가터뜨기하고 코막음한다. 오른쪽 몸판의 적당한 위치에 달아준다.

화이트 숄 칼라 그레이 카디건

PAGE ..... **60p.**

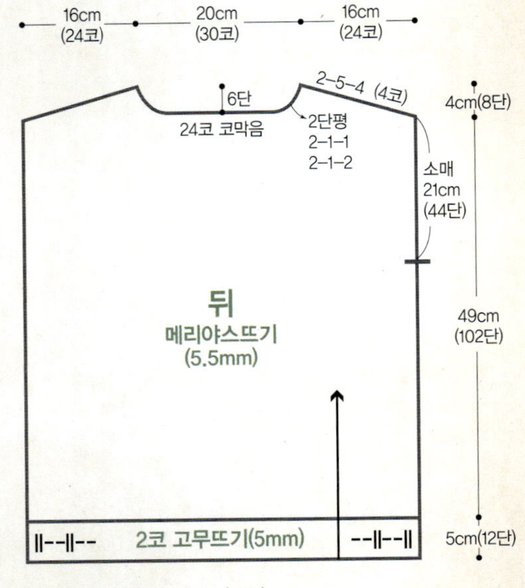

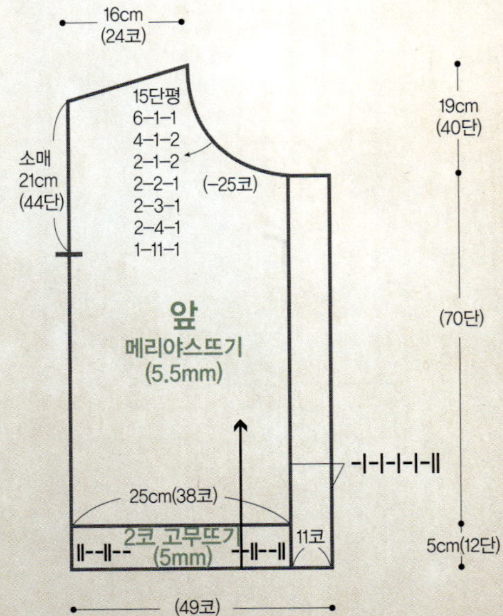

뒤판 뜨기

1. 5mm 대바늘로 78코 잡아 2코 고무뜨기 12단을 뜬다.

2. 5.5mm 대바늘로 바꿔 메리야스뜨기 100단을 뜬다.

3. 뒷목파임은 오른쪽 어깨코 24코와 3코를 더해 총 27코를 뜬 다음 되돌려서 2단에 2코를 1번, 2단에 1코를 1번 줄이고 2단을 증감 없이 뜬다. 동시에 5코씩 4번 되돌려 경사뜨기를 한다.

4. 새로 실을 걸어 뒷목 24코를 코막음하고, 왼쪽 어깨는 오른쪽과 대칭이 되도록 뜬다.

앞판 뜨기

1. 5mm 대바늘로 49코 잡아 앞섶에 해당하는 11코는 1코 고무뜨기로, 나머지 38코는 2코 고무뜨기로 12단을 뜬다.

2. 5.5mm 대바늘로 바꿔 메리야스뜨기 70단을 뜬다(앞섶 11코는 계속 1코 고무뜨기로 뜬다).

3. 앞목파임은 1단에 11코를 1번, 2단에 4코를 1번, 2단에 3코를 1번, 2단에 2코를 1번, 2단에 1코를 2번, 4단에 1코를 2번, 6단에 1코를 1번 줄이고 15단을 증감 없이 더 뜬다. 동시에 뒤판과 동일하게 어깨처짐을 한다.

4. 대칭으로 1장 더 뜬다.

게이지

15코×21단 (10㎠, 메리야스뜨기)

바늘

5mm, 5.5mm

실

그레이 모헤어 혼방사 6볼 (240g)
아이보리 모헤어 혼방사 3볼 (120g)

무늬뜨기 A

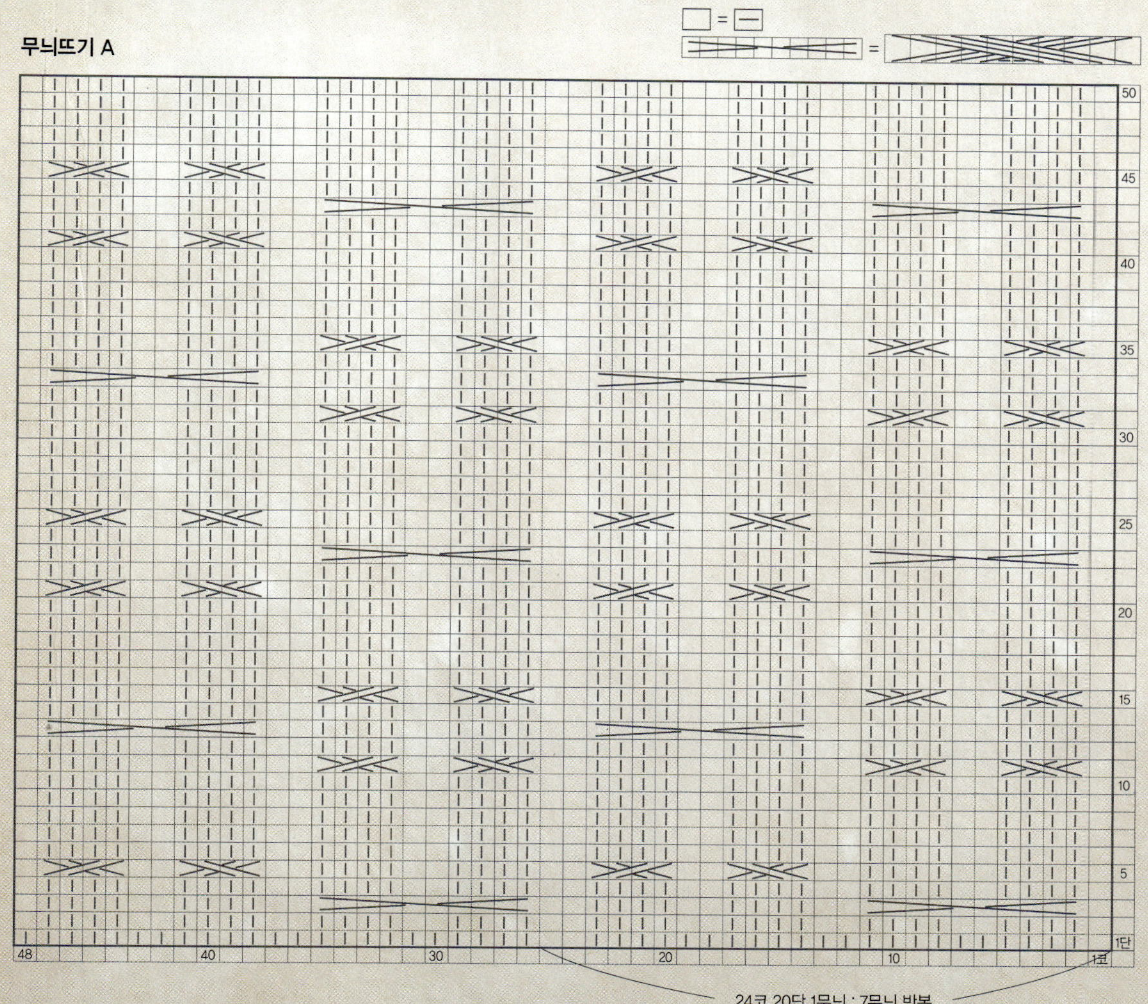

1 앞뒤 몸판을 겉끼리 마주 대고 안쪽에서 덮어씌우기로 어깨를 잇는다.

2 소매는 5.5mm 대바늘로 앞뒤판의 소매 달릴 부분(44단)에서 각 32코씩을 주워 메리야스뜨기로 38단을 뜬다. 5mm 대바늘로 바꿔 2코 분산줄임한 뒤 2코 고무뜨기 28단을 뜨고 돗바늘로 마무리한다.

3 몸판과 소매의 옆선을 돗바늘로 꿰맨다.

4 칼라 부분은 아이보리 모헤어 실을 사용해 4mm 대바늘로 앞목에서 63코씩, 뒷목에서 42코, 총 168코를 주워 우선 무늬뜨기 14단을 뜬다. 이어서 4.5mm 대바늘로 12단, 5mm 대바늘로 12단, 5.5mm 대바늘로 12단 뜨고 가터뜨기 4단을 뜬 다음 코막음한다.

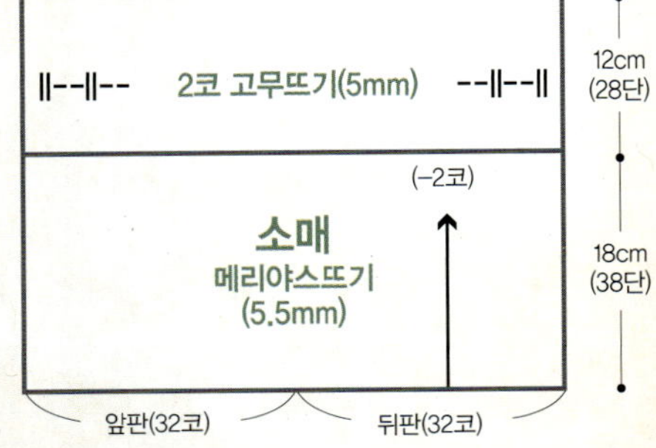

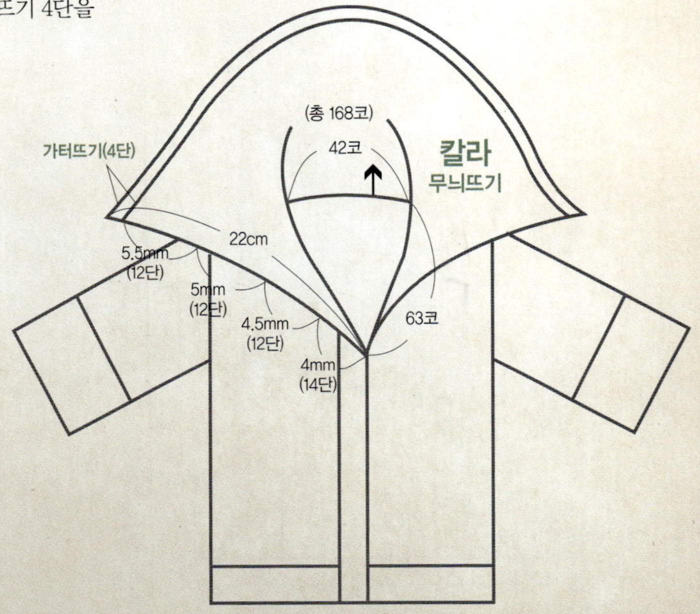

23 남성용 레드 컬러 후드 재킷

PAGE ...... **62p.**

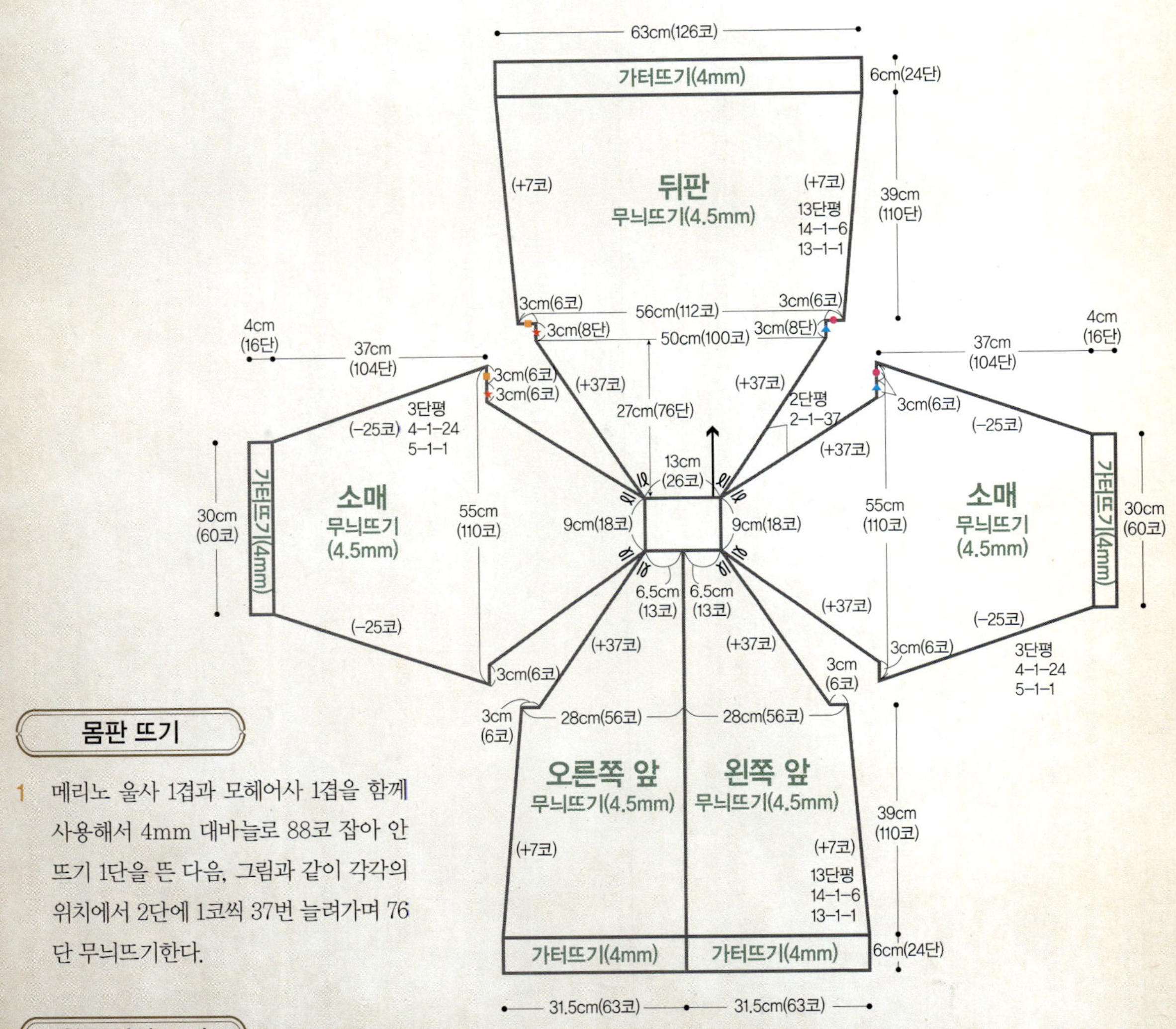

몸판 뜨기

1 메리노 울사 1겹과 모헤어사 1겹을 함께
사용해서 4mm 대바늘로 88코 잡아 안
뜨기 1단을 뜬 다음, 그림과 같이 각각의
위치에서 2단에 1코씩 37번 늘려가며 76
단 무늬뜨기한다.

왼쪽 앞판 뜨기

1 왼쪽 앞 몸판에 해당하는 50코만 가지고 뜨는데, 왼쪽 끝에
서 감아코로 6코를 늘려 56코를 만든다.

2 이어서 무늬뜨기 110단을 뜬다. 이때 왼쪽 옆선 부분에만 13
단에 1코를 1번, 14단에 1코를 6번 늘리고 13단을 뜬다.

3 4mm 대바늘로 바꿔 가터뜨기 24단을 뜨고 코막음한다.

4 대칭이 되도록 오른쪽 앞 몸판도 떠서 완성한다.

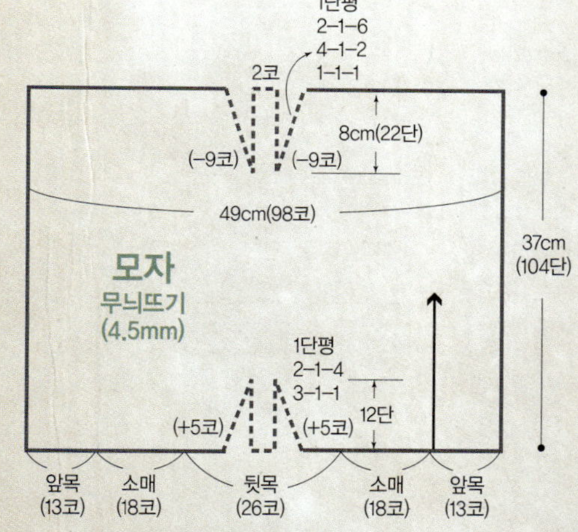

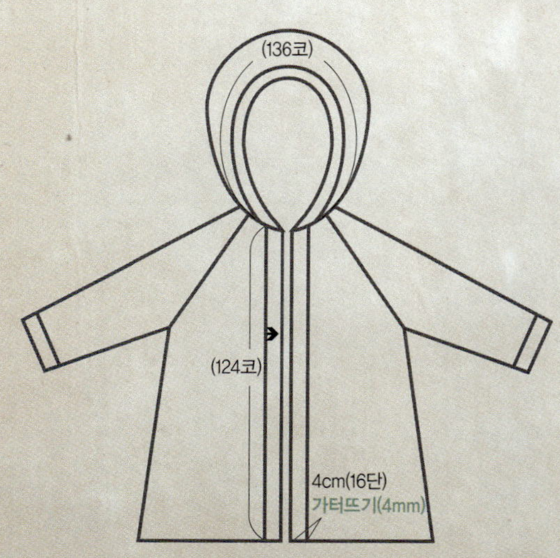

오른쪽 앞판 뜨기

1 새로 실을 걸어 뒤판에 해당하는 100코만 8단을 뜬 다음 감아코로 양쪽 끝에서 6코씩 늘려 112코로 만든다.

2 이어서 무늬뜨기 110단을 뜬다. 이때 양 옆선에서 13단에 1코를 1번, 14단에 1코를 6번 늘리고 13단을 더 뜬다.

3 4mm 대바늘로 바꿔 가터뜨기 24단을 뜨고 코막음한다.

소매 뜨기

1 새로 실을 걸어 소매에 해당하는 92코로 뜨는데 뒤판과 연결되는 부분의 경우 12코를, 앞판과 연결되는 부분에서는 6코만 감아코로 늘려 총 110코로 만든다.

2 이어서 무늬뜨기 104단을 뜬다. 양 옆선에서 5단에 1코를 1번, 4단에 1코를 24번 줄이고 3단을 더 뜬다.

3 4mm 대바늘로 바꿔 가터뜨기 16단을 뜨고 코막음한다.

마무리하기

1 몸판과 소매 옆선을 돗바늘로 꿰맨다.

2 그림에 표시된 각각의 표기 문양끼리 맞추면서 돗바늘로 꿰맨다.

3 모자는 4.5mm 대바늘로 앞목에서 13코씩, 소매에서 18코씩, 뒷목에서 26코 주워 무늬뜨기로 뜬다. 가운데 2코를 중심으로 양쪽에서 3단에 1코를 1번, 2단에 1코를 4번 늘리고 71단을 더 뜬다. 이어서 가운데 중심 2코를 기준으로 양쪽에서 1단에 1코를 1번, 4단에 1코를 2번, 2단에 1코를 6번 늘리고 증감 없이 1단 뜬 뒤 반을 접어 메리야스잇기한다

4 여밈단은 4mm 대바늘로 앞섶에서 124코씩, 모자 브분에서 136코 잡아 가터뜨기 16단을 뜨고 코막음한다.

24 비비드 스트라이프 쇼트 카디건

PAGE ...... **64p.**

완성치수
• 가슴둘레 : 100cm (55~66 사이즈)
• 옷길이 : 52.5cm
• 어깨너비 : 37cm
• 소매길이 : 58cm

뒤판 뜨기

1 4.5mm 대바늘로 96코 잡아 가터뜨기 10단을 뜬다.

2 5mm 대바늘로 바꿔 그림과 같이 배색하면서 안메리야스뜨기 36단을 뜬다. 이때 양쪽 끝에서 11단째 1코씩 1번, 12단째 1코씩 2번 줄이고 1단을 뜬 다음, 이어서 11단째 1코씩 1번, 10단째 1코씩 2번 늘림하고 증감 없이 7단을 뜬다.

3 진동줄임은 1단째 3코를 1번, 2단째 3코를 1번, 2단째 2코 2번, 2단째 1코를 2번, 4단째 1코를 1번 줄이고 33단을 증감 없이 더 뜬다.

4 오른쪽 어깨코 18코와 뒷목파임 2코를 더해 총 20코를 뜬 다음 되돌려서 2단째 1코를 2번 줄이고 2단을 증감 없이 뜬다. 이때 동시에 6코씩 2번 되돌려가며 어깨처짐을 한다.

5 새로 실을 걸어 뒷목 30코를 코막음하고, 왼쪽 어깨는 오른쪽과 대칭이 되도록 뜬다.

앞판 뜨기

1 4.5mm 대바늘로 46코 잡아 가터뜨기 10단을 뜬다.

2 5mm 대바늘로 바꿔 뒤판과 동일하게 옆선 줄임과 늘림을 하면서 안메리야스뜨기 74단을 뜬다.

3 진동줄임도 뒤판과 동일하게 하고 23단을 더 뜬다.

4 앞목파임은 1단째 5코를 1번, 2단째 4코를 1번, 2단째 3코를 1번, 2단째 2코를 1번, 2단째 1코를 1번 줄이고 7단을 증감 없이 뜬다. 이때 동시에 뒤판과 동일하게 어깨처짐을 한다.

5 대칭으로 1장을 더 뜬다.

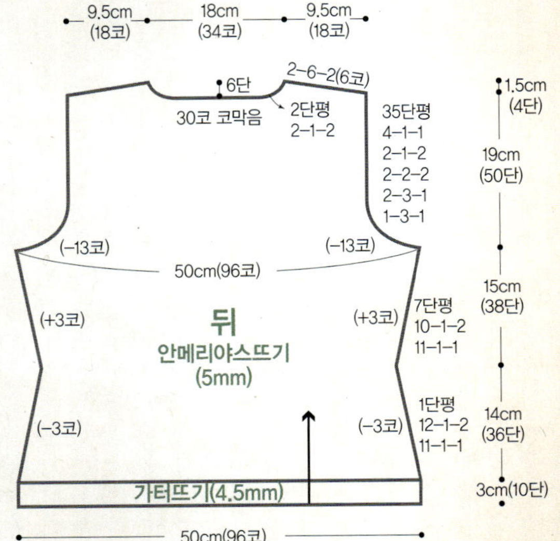

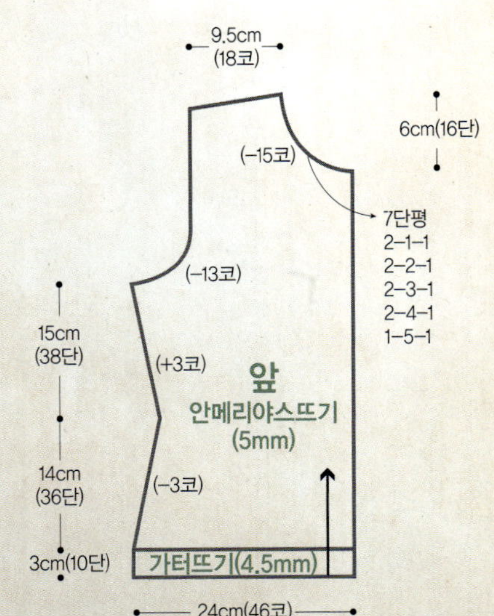

게이지
19코×26단 (10㎠, 메리야스뜨기)

바늘
대바늘 4.5mm, 5mm

실
100% 캐시미어사 : 연보라 10볼 (250g), 올리브 그린 1볼 (250g)
연베이지 1/2볼 (15g), 브라운 1/2볼 (15g),
차콜 1볼 (25g), 다크블루 1볼 (25g), 연그레이 1볼 (25g)

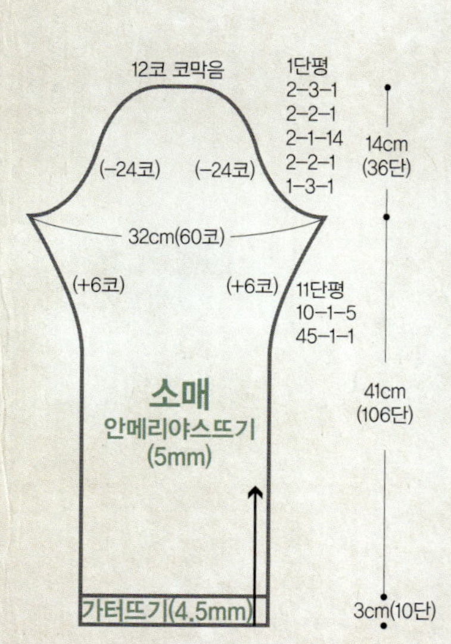

소매 뜨기

1. 4.5mm 대바늘로 48코 잡아 가터뜨기 10단을 뜬다.
2. 5mm 대바늘로 바꿔 안메리야스뜨기 106단을 뜨는데 양쪽 끝에서 45단째 1코를 1번, 10단째 1코를 5번 늘리고 11단을 증감 없이 더 뜬다.
3. 소매 곡선은 1단째 3코를 1번, 2단째 2코를 1번, 2단째 1코를 14번, 2단째 2코를 1번, 2단째 3코를 1번 줄임하고 1단을 뜬 다음 남은 12코는 코막음한다.

마무리하기

1. 앞뒤 몸판을 겉끼리 마주 대고 안쪽에서 덮어씌우기로 어깨를 잇는다.
2. 몸판과 소매의 옆선을 꿰맨다.
3. 몸판의 진동과 소매의 곡선 부분을 겉끼리 마주 대고 코바늘을 이용해 빼뜨기로 연결한다.
4. 목둘레 칼라는 4.5mm 대바늘로 앞 목에서 각각 22코씩, 뒷 목에서 37코를 잡아 가터뜨기 6단을 뜨고 코막음한다.
5. 왼쪽 앞섶은 연그레이색 실로, 오른쪽 앞섶은 올리브 그린색 실을 사용해사 4mm 대바늘로 11코를 잡아 1코 고무뜨기 112단을 뜬 뒤 앞섶에 꿰맨다.

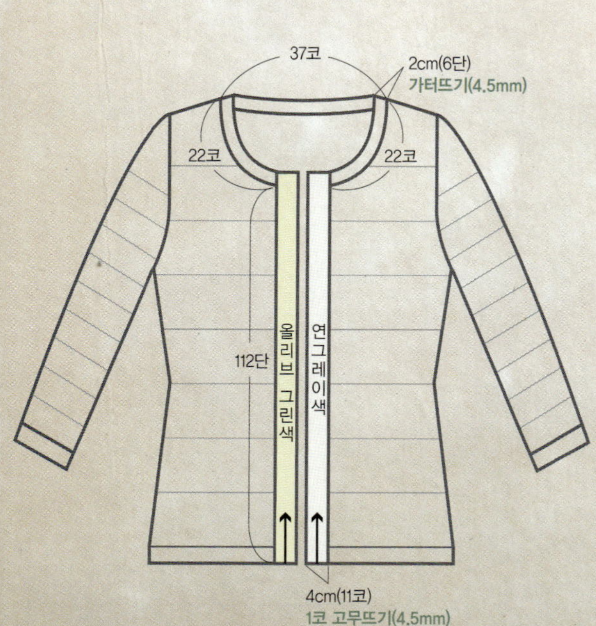

배색표

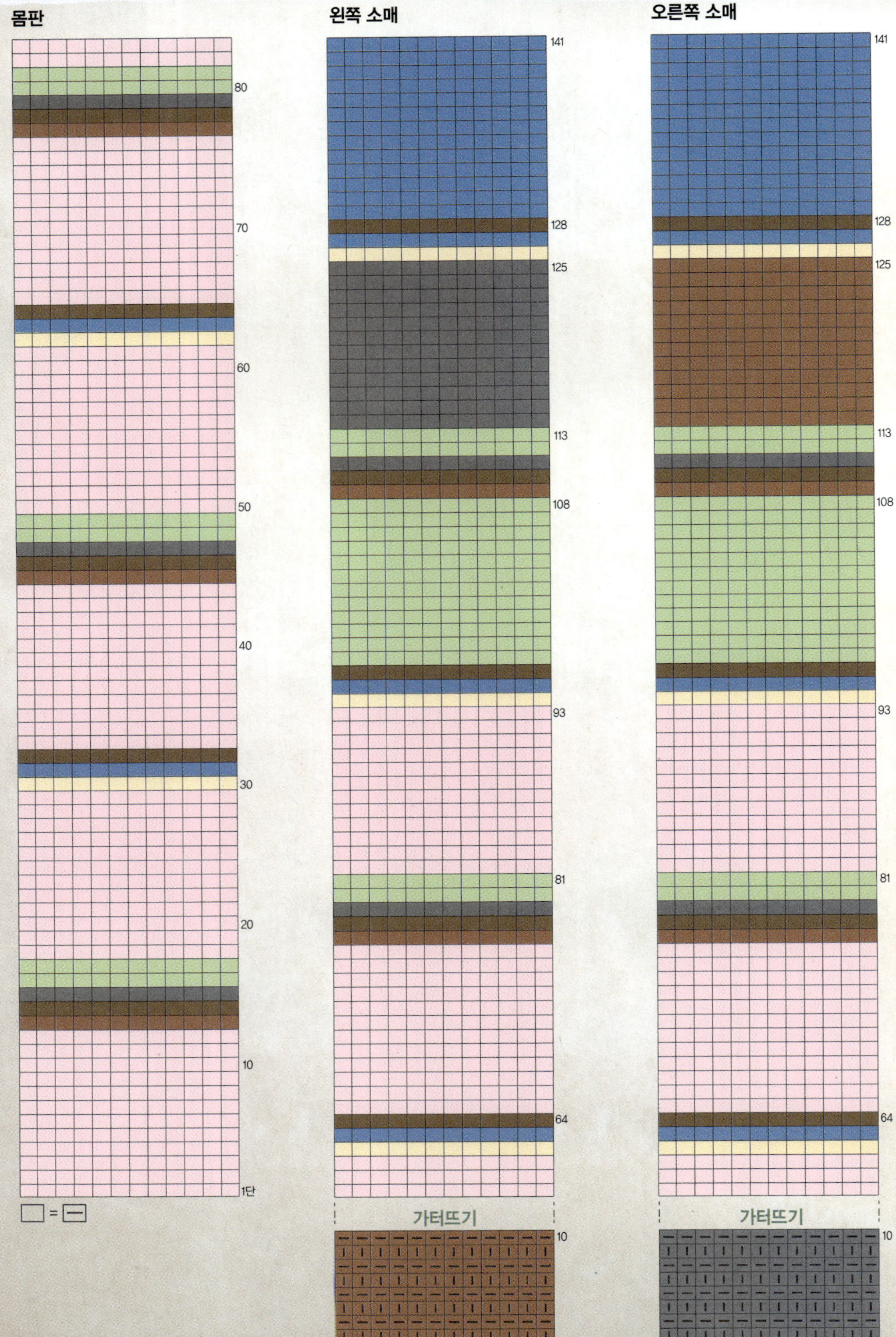

몸판
80
70
60
50
40
30
20
10
1단
□ = —
왼쪽 소매
141
128
125
113
108
93
81
64
가터뜨기
10
1단
오른쪽 소매
141
128
125
113
108
93
81
64
가터뜨기
10
1단

25 레이어드 스타일
레드 롱 카디건

PAGE ⋯⋯ 68p.

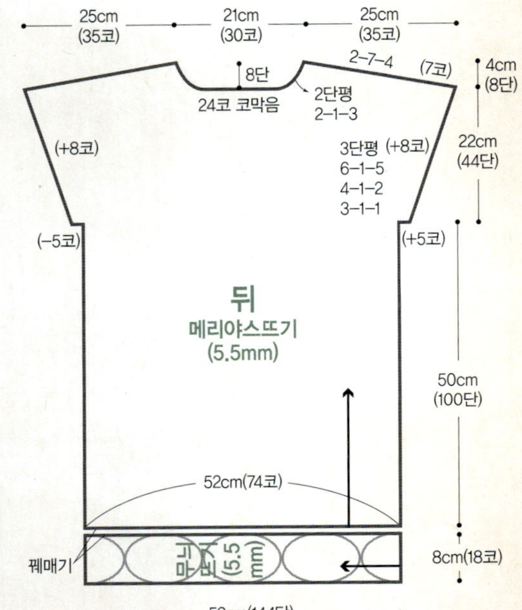

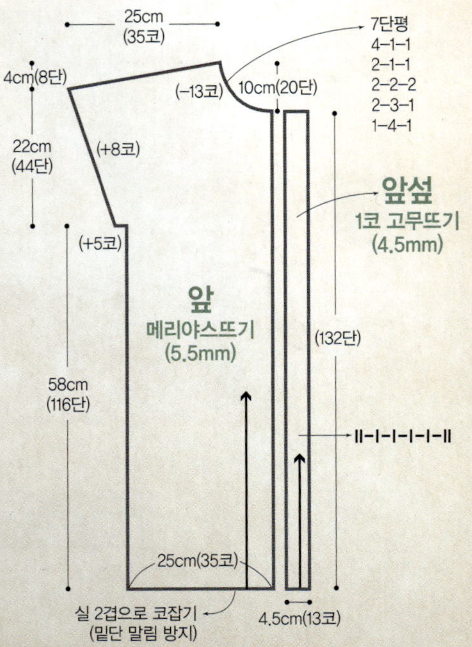

뒤판 뜨기

1 5.5mm 대바늘로 74코 잡아 메리야스뜨기 100단을 뜬다.

2 진동 부분에서 양쪽을 감아코로 5코씩 늘리고 42단을 뜬다. 3단에 1코를 1번, 4단에 1코를 2번, 6단에 1코를 5번 늘리고 1단을 증감 없이 뜬다.

3 오른쪽 어깨코 35코와 뒷목파임 3코를 더해 총 38코를 뜬 다음, 되돌려서 2단에 1코를 3번 줄이고 2단을 증감 없이 뜬다. 이때 동시에 7코씩 4번 되돌려가면서 어깨처짐을 한다.

4 새로 실을 걸어 뒷목 24코를 코막음하고, 왼쪽 어깨는 오른쪽과 대칭이 되도록 뜬다.

5 5.5mm 대바늘로 18코를 잡아 꽈배기 무늬뜨기로 144단을 뜬 다음 몸판 밑에 붙인다.

앞판 뜨기

1 5.5mm 대바늘로 35코 잡아 메리야스뜨기 116단을 뜬다. 이때 실 2겹을 이용해 코를 잡으면 밑단이 말리는 것을 방지할 수 있다.

2 진동 부분은 뒤판과 동일하게 하면서 32단까지 뜬다.

3 앞목파임은 1단에 4코를 1번, 2단에 3코를 1번, 2단에 2코를 2번, 2단에 1코를 1번, 4단에 1코를 1번 줄이고 7단을 증감 없이 뜬다. 이때 동시에 7코씩 4번 되돌려가면서 어깨처짐을 한다.

4 대칭으로 1장 더 뜬다.

게이지
14코×20단 (10㎠, 메리야스뜨기)

바늘   4.5mm, 5mm, 5.5mm

부재료   스냅 단추 5쌍

실
빨간색 합성모사 13볼 (650g)

뒤 밑단 무늬뜨기(5.5mm)

목둘레 칼라 부분 무늬뜨기 – 2장(5mm)

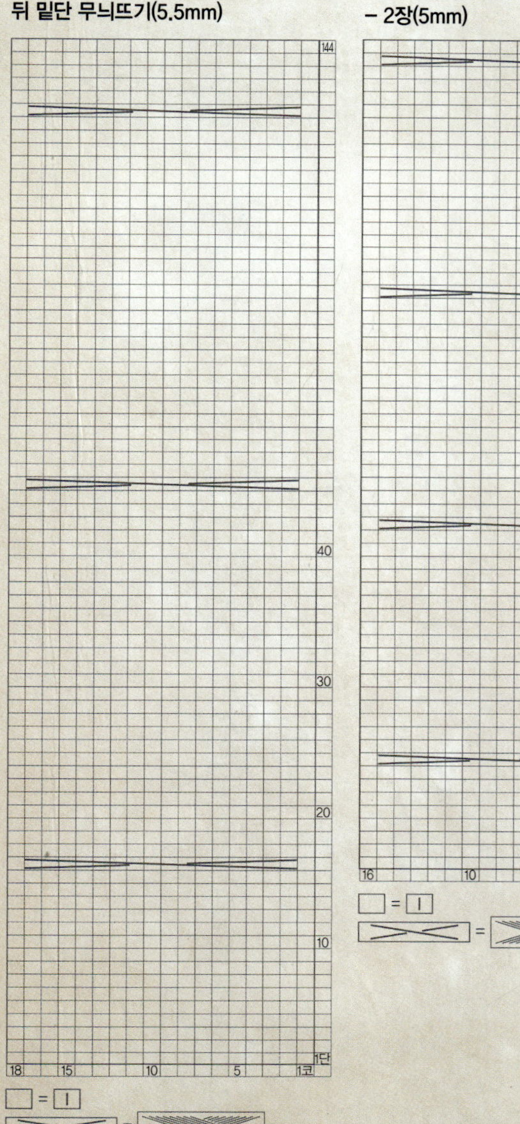

□ = │

╳ = ▨

마무리하기

1 앞뒤 몸판을 겉끼리 마주 대고 안쪽에서 덮어씌우기로 어깨를 잇는다.

2 몸판의 옆선을 꿰맨다.

3 앞섶은 4.5mm 대바늘로 13코를 잡아 1코 고무뜨기 132단을 뜬다. 2장을 뜬 다음 앞섶에 꿰맨다.

4 목둘레 칼라는 5mm 대바늘로 16코 잡아 꽈배기 무늬뜨기 142단을 뜬다. 똑같이 2장 떠서 안끼리 마주 대고 테두리를 꿰맨다. 목둘레 부분은 비틀어지지 않게 적당히 시침한 뒤 돗바늘로 꿰맨다.

5 진동둘레는 5mm 대바늘로 70코 주워 1코 고무뜨기 14단을 원형으로 뜨고, 돗바늘로 1코 고무뜨기 마무리한다.

6 앞섶 안쪽 적당한 위치에 스냅 단추를 달아준다.

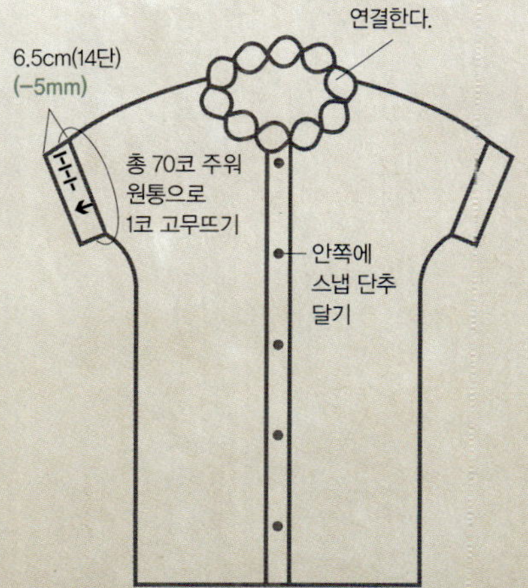

26 꽈배기 솔기 장식 쇼트 카디건

PAGE ...... **70p.**

뒤판 뜨기

1 5.5mm 대바늘로 92코 잡아 무늬뜨기 40단을 뜬다.

2 이어서 10코를 분산줄임해 82코로 만든 다음 메리야스뜨기로 58단을 뜬다.

3 진동줄임은 1단에 3코를 1번, 2단에 2코를 2번, 2단에 1코를 3번, 4단에 1코를 1번 줄이고 33단을 더 뜬다.

4 오른쪽 어깨코 15코와 뒷목파임 2코를 더해 총 17코를 뜬 다음, 되돌려서 2단에 1코를 2번 줄이고 2단을 증감 없이 뜬다. 이때 동시에 5코씩 2번 되돌려가며 어깨처짐을 한다.

5 새로 실을 걸어 뒷목 26코를 코막음한다. 왼쪽 어깨는 오른쪽과 대칭이 되도록 뜬다.

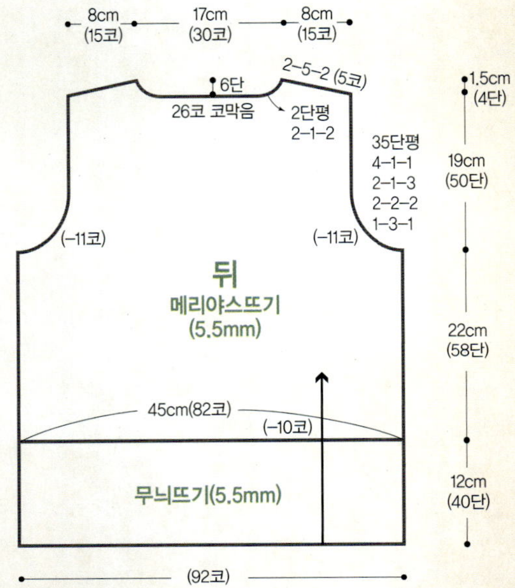

앞판 뜨기

1 5.5mm 대바늘로 43코 잡아 무늬뜨기 40단을 뜬다.

2 이어서 3코를 분산줄임해 40코로 만든 다음 메리야스뜨기로 58단을 뜬다.

3 진동줄임은 뒤판과 동일하게 하고 21단을 더 뜬다.

4 앞목파임은 1단에 4코를 1번, 2단에 3코를 2번, 2단에 2코를 1번, 2단에 1코를 2번 줄이고 7단을 증감 없이 뜬다. 이때 동시에 뒤판과 동일하게 어깨처짐을 한다.

5 대칭이 되도록 1장을 더 뜬다.

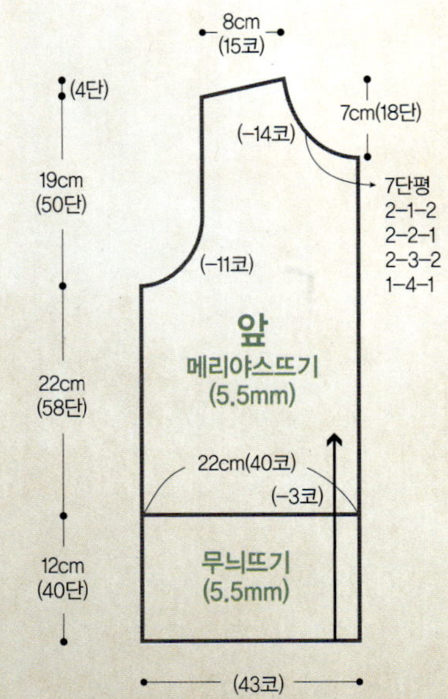

게이지

18코×26단 (10㎠, 메리야스뜨기)

바늘

4mm, 4.5mm, 5mm, 5.5mm
코바늘, 돗바늘

실

카키색 울혼방사 20볼 (800g)

무늬뜨기

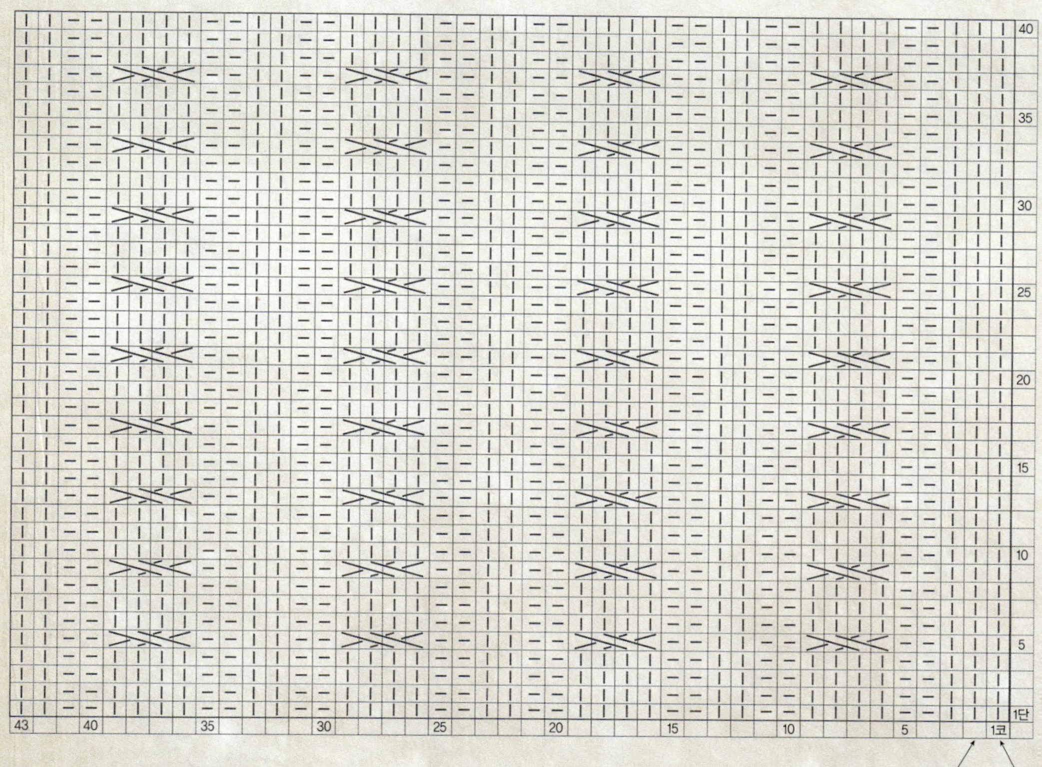

칼라 부분 무늬뜨기

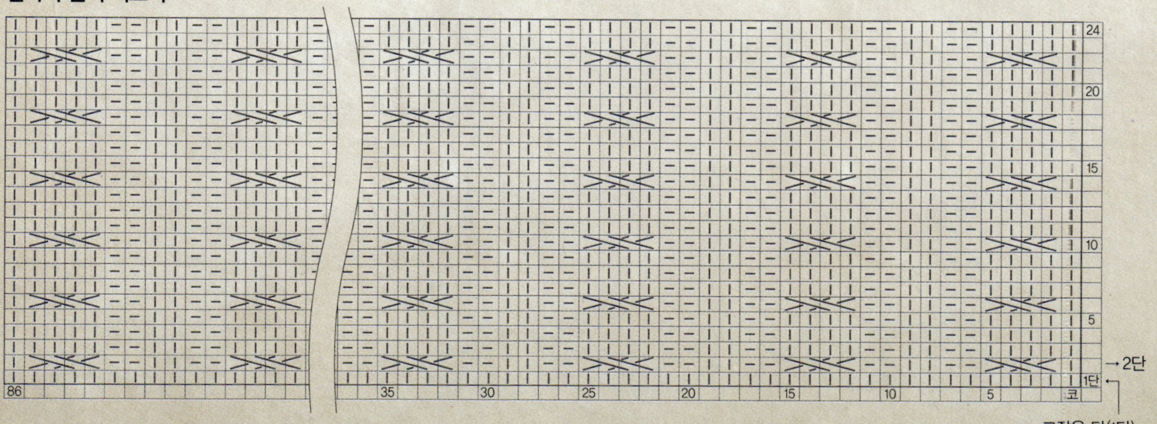

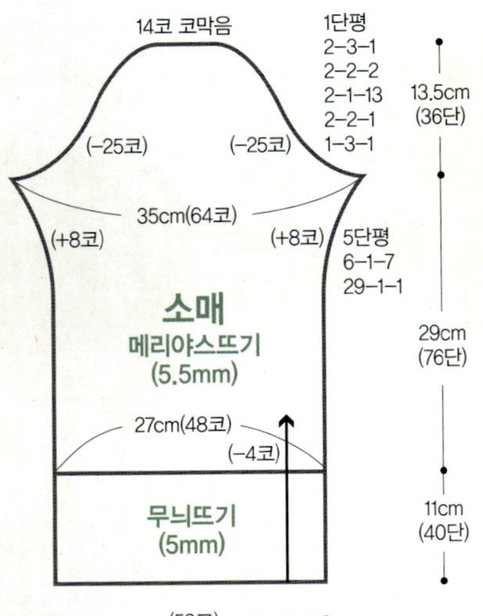

소매 뜨기

1 5mm 대바늘로 52코 잡아 무늬뜨기 40단을 뜬다.

2 5.5mm 대바늘로 바꿔 메리야스뜨기 76단을 뜨는데, 양쪽 끝에서 29단에 1코를 1번, 6단에 1코를 7번 늘리고 5단을 증감 없이 더 뜬다.

3 소매 곡선은 1단에 3코를 1번, 2단에 2코를 1번, 2단에 1코를 13번, 2단에 2코를 2번, 2단에 3코를 1번 줄임하고 1단을 뜬 다음 남은 14코는 코막음한다.

마무리하기

1 앞뒤 몸판을 겉끼리 마주 대고 안쪽에서 덮어씌우기를 해서 어깨를 잇는다.

2 몸판과 소매의 옆선을 꿰맨다.

3 몸판 진동과 소매의 곡선 부분을 겉끼리 마주 대고 코바늘을 이용해 빼뜨기로 연결한다.

4 목둘레 칼라는 4.5mm 대바늘로 앞목에서 각각 26코씩, 뒷목에서 34코를 잡아 무늬뜨기 12단을 뜬다. 이어서 5mm 대바늘로 바꿔 12단을 더 뜬 다음 코막음한다.

5 왼쪽 앞섶은 4mm 대바늘로 13코를 잡아 1코 고무뜨기 108단을 뜬 뒤 앞섶에 꿰맨다. 오른쪽 앞섶도 같은 방법으로 뜨는데, 이때 20단마다 단춧구멍을 만들면서 뜨면 된다. 단춧구멍은 그림처럼 총 5개를 만든다.

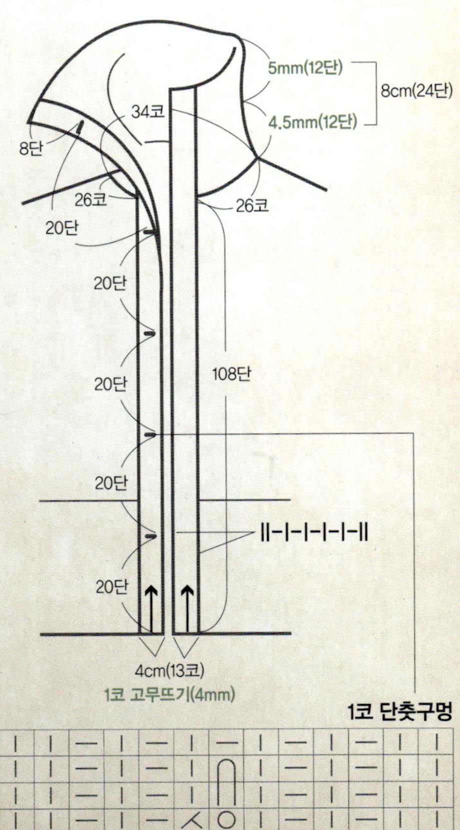

앞섶 부분 뜨는 법

❶ 앞섶을 따로 뜨는 경우에는 몸판보다 가는 바늘로 떠서 앞섶이 즐어지지 않도록 해야 한다.

❷ 길이는 몸판 길이에 대보며 비슷한 길이로 떠놓은 뒤, 마무리하기 전에 앞섶이 늘어지지 않게 적당히 꿰매서 마무리한다.

27 프리 사이즈 그러데이션 칠부 소매 카디건

PAGE ...... **72p.**

완성치수
• 가슴둘레 : 108cm (55~77 사이즈)
• 옷길이 : 54cm
• 소매길이 : 31cm

뒤판 뜨기

1 4mm 대바늘로 118코 잡아 가터뜨기 230단을 뜬다.
2 뒷목파임은 오른쪽 어깨코 36코만 뜬 다음 되돌려서 1단을 더 뜬다. 새로 실을 걸어 뒷목 46코를 코막음하고, 왼쪽 어깨 36코를 2단 뜬다.

앞판 오른쪽 뜨기

1 4mm 대바늘로 80코 잡아 가터뜨기 202단을 뜬다.
2 앞목파임은 1단에 20코를 1번, 2단에 10코를 1번, 2단에 6코를 1번, 2단에 3코를 1번, 2단에 2코를 1번, 2단에 1코를 2번, 4단에 1코를 1번 줄이고 13단을 증감 없이 더 뜬다.

앞판 왼쪽 뜨기

1 4mm 대바늘로 60코 잡아 가터뜨기 202단을 뜬다.
2 앞목파임은 2단에 7코를 1번, 2단에 5코를 1번, 2단에 4코를 1번, 2단에 3코를 1번, 2단에 2코를 1번, 2단에 1코를 2번, 4단에 1코를 1번 줄이고 12단을 증감 없이 더 뜬다.

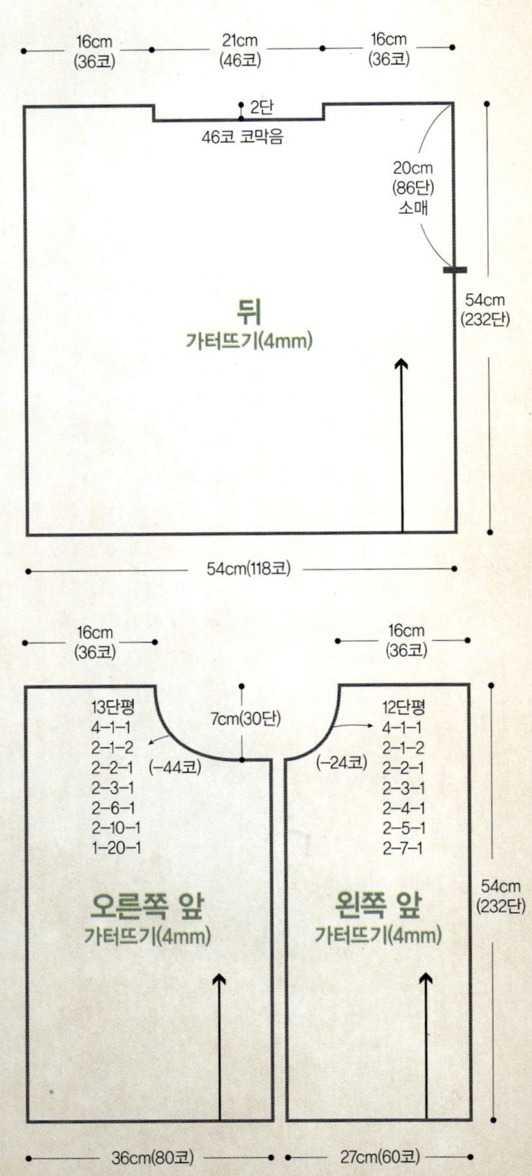

게이지
22코×43단 (10㎠, 가터뜨기)

바늘
3.5mm, 4mm

실
그레이 메탈 울 혼방사 9볼 (360g)

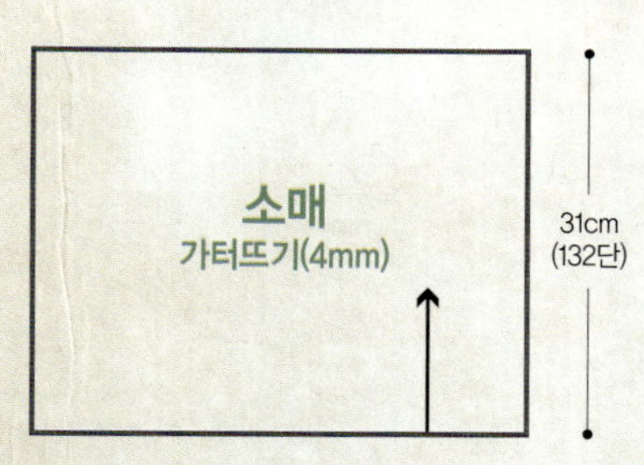

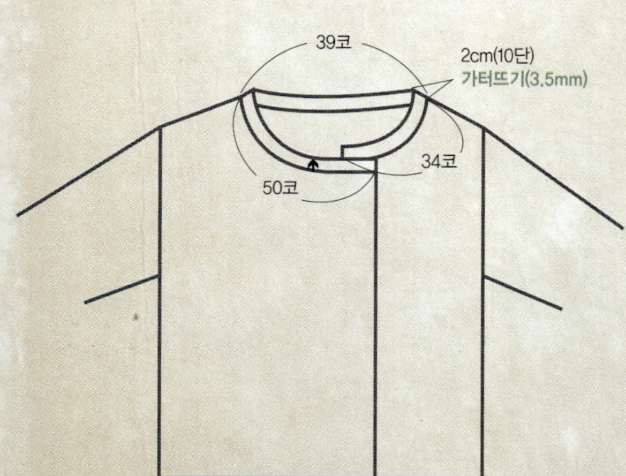

소매 뜨기

1 소매는 4mm 대바늘로 88코 잡아 132단을 가터뜨기한 뒤 쉼코로 둔다.

마무리하기

1 앞뒤 몸판을 겉끼리 마주 대고 안쪽에서 덮어씌우기르 어깨를 잇는다.

2 소매 뜨기에서 쉼코로 두었던 부분을 몸판의 소매가 달리는 부분에 돗바늘로 잇는다.

3 몸판과 소매의 옆선을 돗바늘로 꿰맨다.

4 칼라 부분은 3.5mm 대바늘로 오른쪽 앞목에서 50코, 뒷목에서 39코, 왼쪽 앞목에서 34코를 주워 가터뜨기 10단을 뜨고 코막음한다.

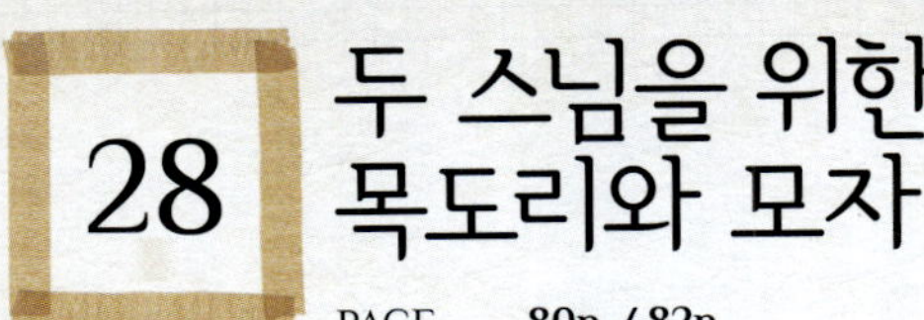

두 스님을 위한
목도리와 모자

PAGE ····· **80p. / 82p.**

- 머플러 길이 : 19×170cm
- 머리둘레 : 남성용 55cm, 여성용 53cm

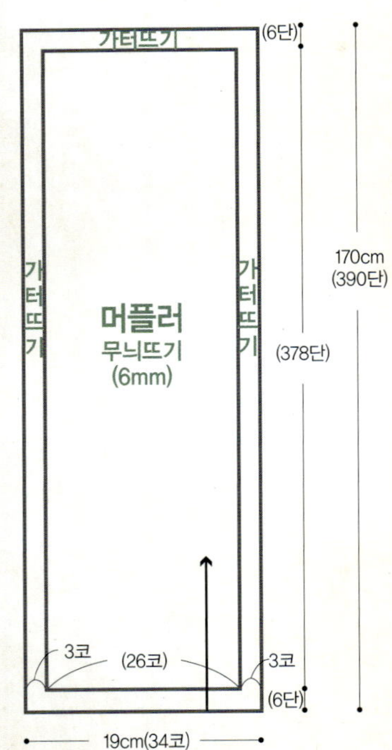

인태스님 머플러

1 6mm 대바늘로 34코를 잡아 가터뜨기 6단을 뜬다.

2 이어서 양쪽 끝의 3코씩은 가터뜨기로 뜨면서 무늬뜨기 378
단을 뜬다.

3 다시 가터뜨기 6단을 뜨고 코막음한다.

무늬뜨기

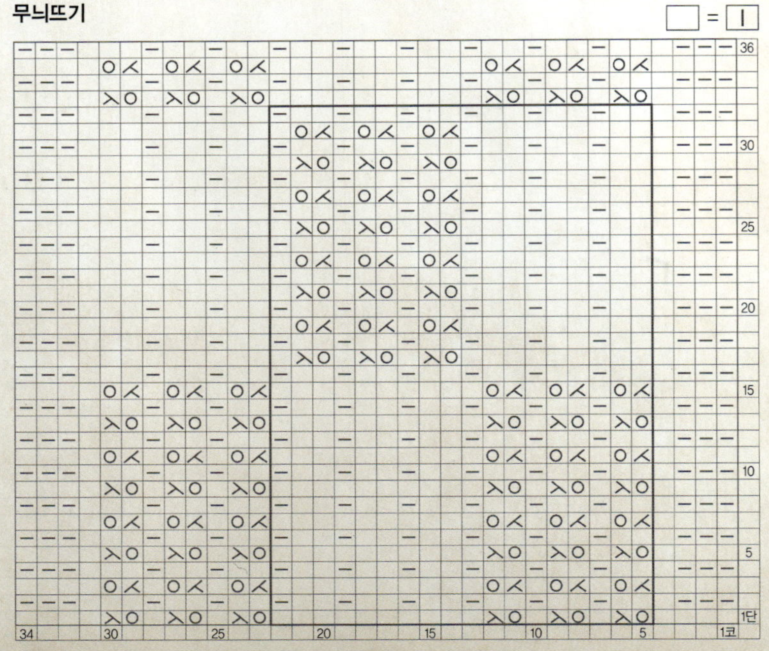

게이지
21코×24단 (10㎠, 무늬뜨기–인태스님)
18코×23단 (10㎠, 무늬뜨기–원경스님)

바늘
6mm, 돗바늘

실
그레이 알파카 메리노 울사 10볼 (250g)
베이지그레이 알파카 메리노 울사 10볼 (250g)

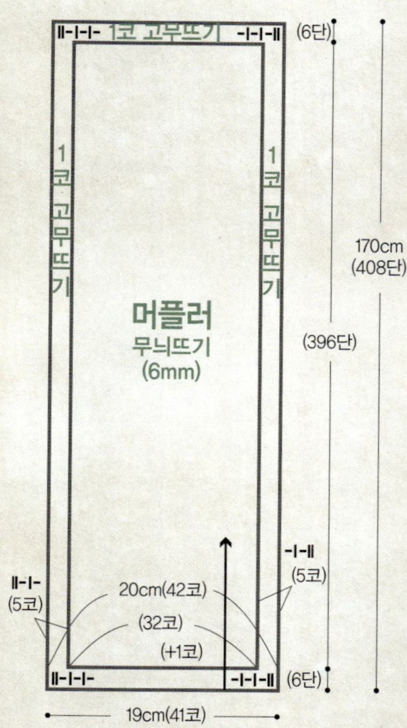

원경스님 머플러

1 6mm 대바늘로 41코를 잡아 1코 고무뜨기 6단을 뜬다.

2 중간에 1코 늘려 42코로 만든 뒤, 양쪽 끝의 5코씩은 1코 고무뜨기로 뜨면서 무늬뜨기 396단을 뜬다.

3 다시 1코 고무뜨기 6단을 뜨고 돗바늘로 마무리한다.

무늬뜨기

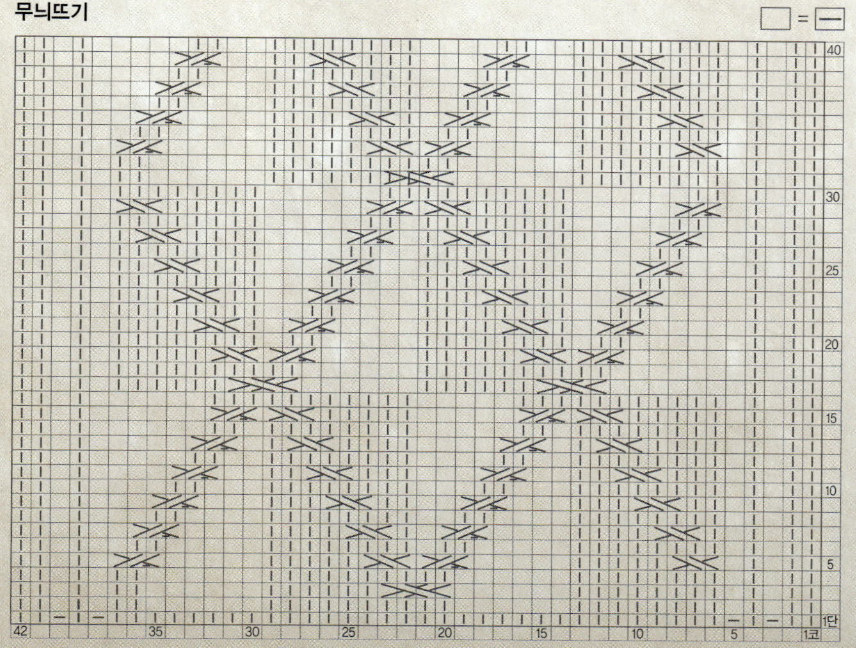

모자 만들기 (남녀 공용)

1 5mm 둘레바늘로 90코를 잡아 무늬뜨기 14단을 뜬다.

2 5.5mm로 바꿔 52단을 더 뜨고, 도안을 참고해 12단에 걸쳐
   서 코줄임을 한다.

3 마지막 남은 콧수는 실을 통과시켜 오므리면 완성된다.

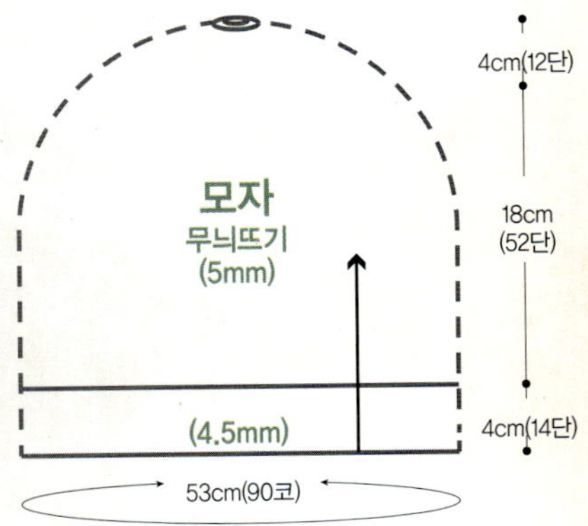

무늬뜨기

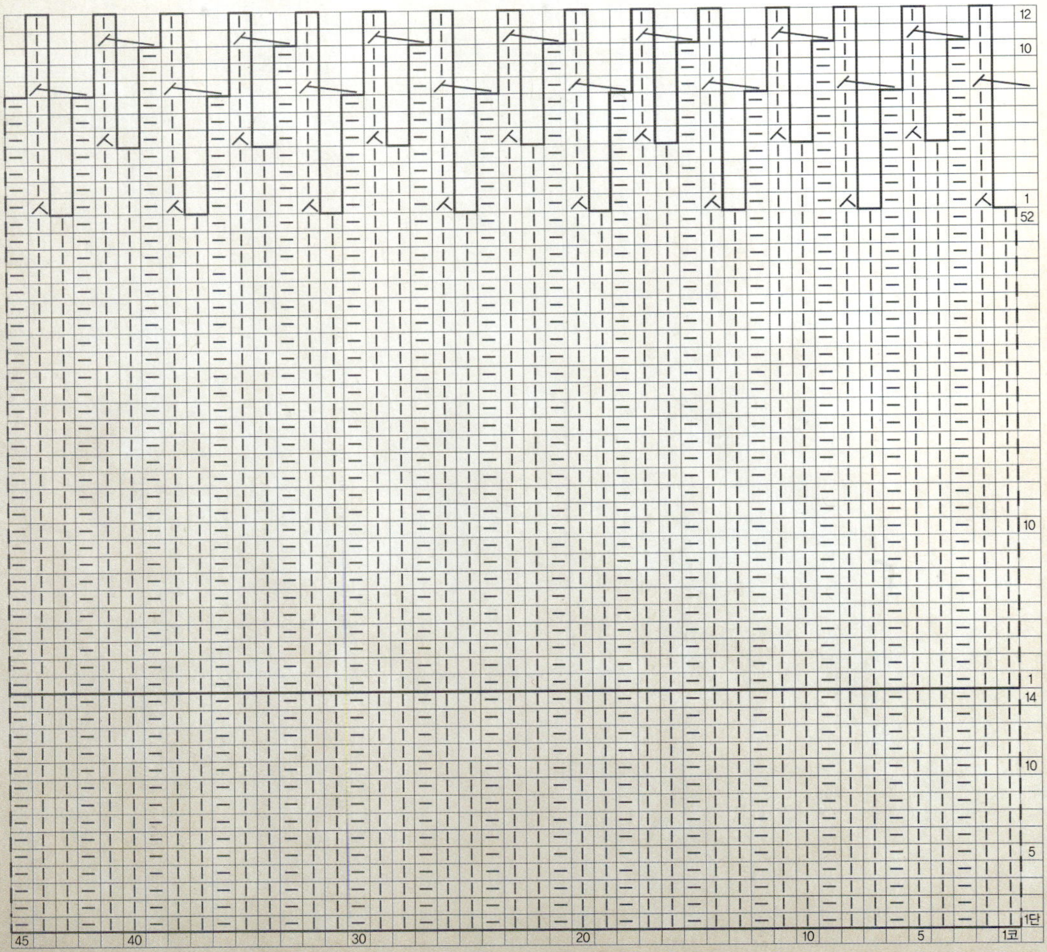

볼륨 워머 스타일 퍼플 숄

PAGE ...... **84p.**

완성치수	폭 : 55cm
게이지	18코×25단 (10㎠, 메리야스뜨기)
바늘	5.5mm
부자재	재봉실

실
퍼플 메탈
모헤어사
10볼 (200g)

1 5.5mm 대바늘로 100코를 잡아 메리야스뜨기 456단을 뜨고 코막음한다.

2 뜬편물은 일반 재봉실을 이용해 위아래 면과 가운데 2군데를 적당히 나눠 홈질해서 자연스러운 주름을 잡는다.

30 와인 컬러 넥 워머

PAGE ...... 85p.

완성치수	29cm×20cm
게이지	9코×21단 (10㎠, 무늬뜨기)
바늘	40cm 길이 6.5mm 둘레바늘
실	**와인 계열 래빗퍼사 2볼 (200g)**

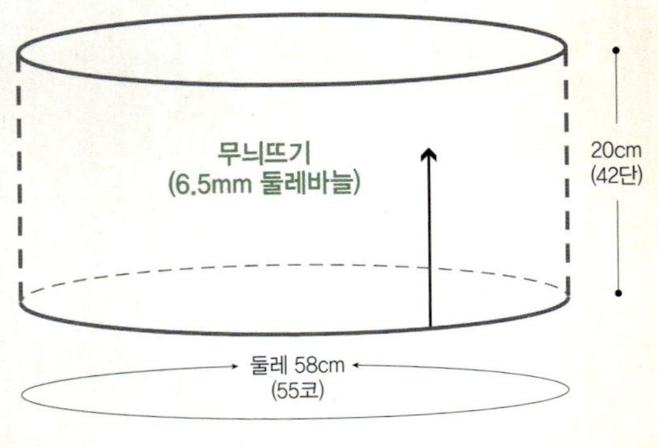

1 래빗퍼사를 이용해 6.5mm 둘레바늘로 55코 잡아 원형으로 래빗퍼사와 일반 모사를 2단마다 번갈아 가면서 무늬뜨기 42단을 뜨고 코막음한다.

●**래빗퍼사**
실 이름이 말해주듯 토끼털 소재. 즉 실제 토끼 가죽을 실처럼 얇게 잘라 만든 종류다. 털이 아주 부드러운 것은 물론이고 보온성도 뛰어나다. 단 신축성이 전혀 없어서 일반 모사와 매칭해 뜨는 것이 일반적이며, 이렇듯 니트 작품의 어느 한 부분에 포인트 장식 효과를 주기에 안성맞춤이다

무늬뜨기

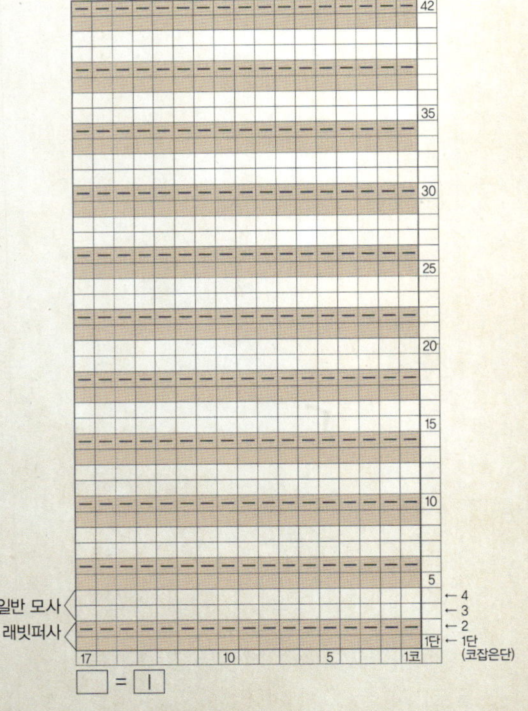

남편을 위한 색동 양말

PAGE ...... 86p.

완성치수 • 발 길이 : 23cm • 높이 : 24cm

게이지 22코×28단 (10cm², 메리야스뜨기)

바늘 3.5mm, 4mm 막대 바늘 4개씩

실 레드, 브라운, 옐로, 진보라, 연핑크, 청록색 메리노 울사 각 10g씩

1 빨간색 실을 사용해 3.5mm 막대바늘로 50코를 잡는다. 다른 3개의 막대바늘에 3등분해서 나눠 옮긴다.

2 4개의 막대바늘을 이용해서 원형으로 1코 고무뜨기 22단을 뜬다.

3 이어서 4mm 막대바늘로 그림처럼 색색으로 배색해가며 원형으로 메리야스뜨기 35단을 뜬다.

4 앞의 25코만 가지고 직선 왕복으로 뜨는데, 양끝에서 2단에 1코씩 6번 줄였다가 다시 2단에 1코씩 6번 늘려 25코로 만든다(발뒤꿈치 부분).

5 쉼코로 두었던 25코(★ 표기)와 다시 합쳐서 원형으로 42단을 더 뜬다.

6 앞꿈치 부분에서 반으로 콧수를 나눠 4군데에서 2단에 1코씩 6번 줄이고 남은 콧수는 반 접어 메리야스잇기한다.

7 같은 방법으로 반대쪽 1장을 더 뜬다.

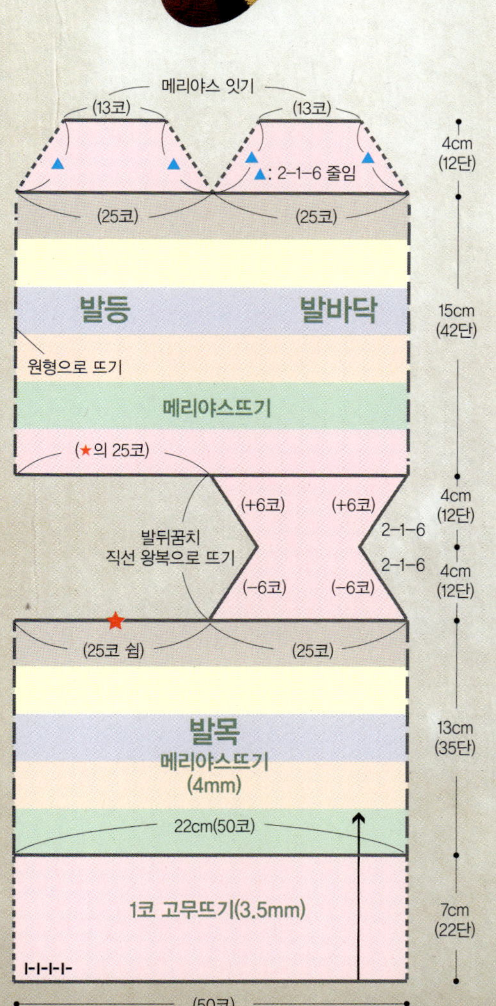

배색표

32 판초 & 헤어밴드 세트

PAGE ...... 88p.

완성치수
- 옷길이 : 60cm (프리 사이즈)
- 헤어밴드 : 폭 11cm, 길이 53cm

게이지 7코×11단 (10㎠, 메리야스뜨기)

바늘 대바늘 10mm

실
퍼플 복합
루프 팬시얀사
6볼 (600g)

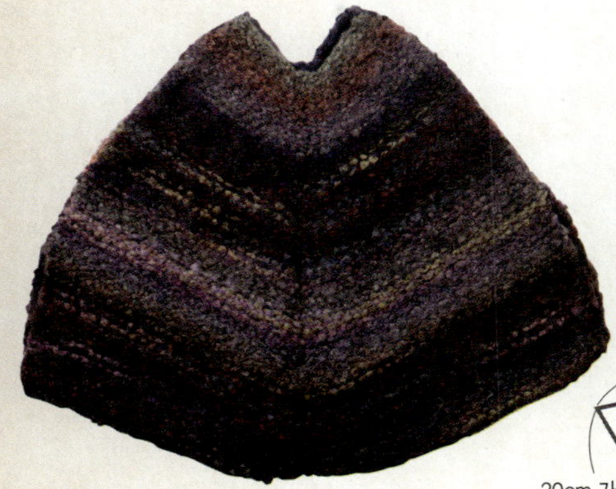

판초

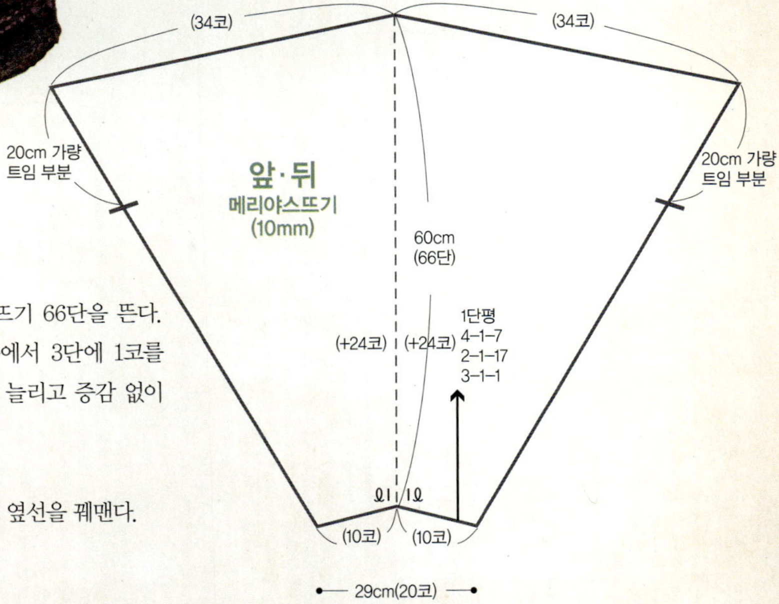

앞·뒤판 뜨기

1. 10mm 대바늘로 20코를 잡아 메리야스뜨기 66단을 뜬다. 이때 가운데 중심 2코를 기준으로 양쪽에서 3단에 1코를 1번, 2단에 1코를 17번, 4단에 1코를 7번 늘리고 증감 없이 1단 뜬다.
2. 앞뒤 동일하게 1장 더 뜬다.
3. 앞뒤 몸판을 밑의 20cm가량 트임을 주고 옆선을 꿰맨다.

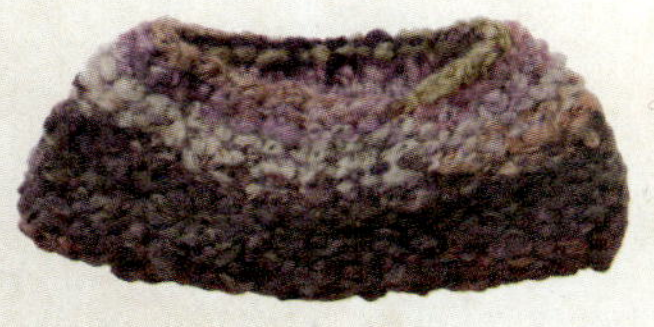

헤어밴드

헤어밴드는 판초뜨기용으로 준비한 실의 남은 여유분을 이용해 뜨면 된다.

1. 10mm 대바늘로 37코 잡아 메리야스뜨기 8단을 뜬다.
2. 그림을 참고해 각 조각의 5곳에서 1단에 1코를 1번, 2단에 1코를 1번 줄이고 1단을 더 뜬 뒤 코막음한다.

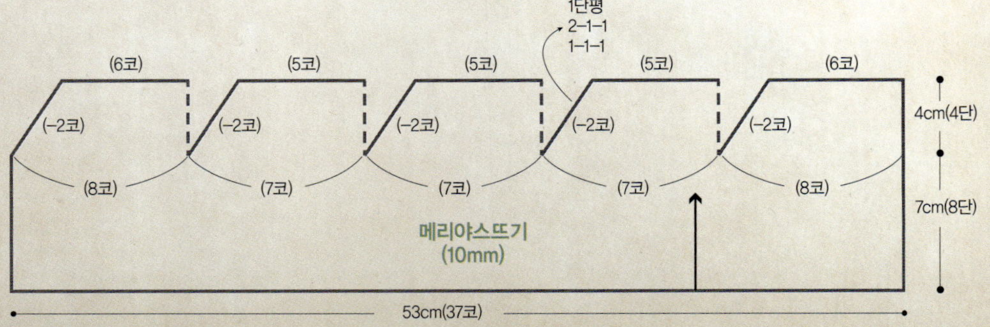

프리 스타일
컬러 머플러

PAGE ····· **91p.**

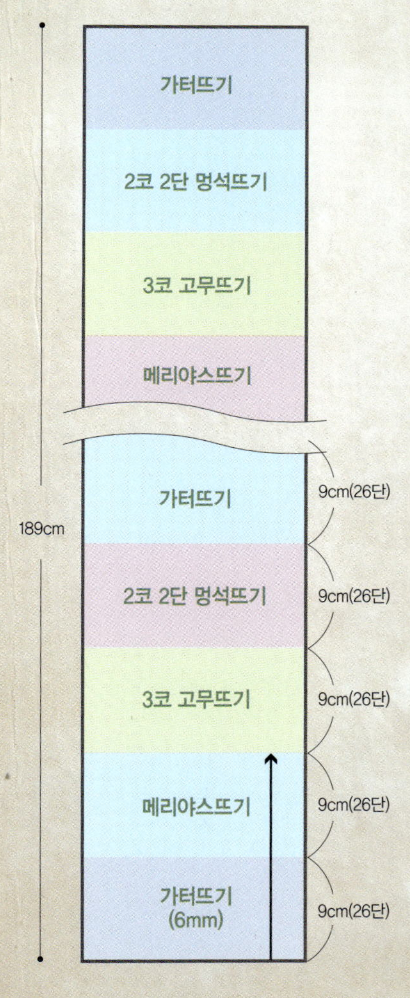

1   6mm 대바늘로 30코 잡아 가터뜨기 26단 뜬 다음 다른 종류의 실로 바꿔 메리야스뜨기로 20단을 뜬다. 또 다른 실로 바꿔 3코 고무뜨기로 20단을 뜨고, 이렇게 계속 실을 바꿔가면서 약 189cm 길이가 될 때까지 뜬다.

> ❝ 실 굵기가 비슷한 다양한 종류의
> 자투리 실들을 이용해 내 취향대로
> 무늬와 실 색상을 선택하면서 자유롭게 뜰 수도 있다.
> 방법은 간단해도 예상치 못한 멋스러움, 스타일리시함을 지닌
> 나만의 머플러를 만들어볼 수 있다. ❞

레이스 장식 덧신

PAGE ······ **90p.**

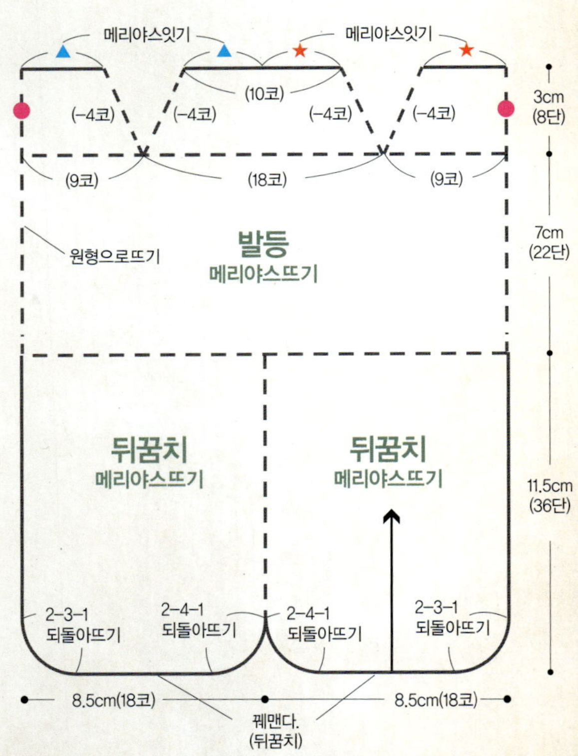

1. 4mm 막대 바늘로 36코를 잡는다. 발뒤꿈치 부분을 그림과 같이 되돌아뜨기하면서 메리야스뜨기로 36단을 뜬다.

2. 막대바늘 4개를 이용해 원형으로 발등 부분 22단을 더 뜬다.

3. 발바닥과 발등은 이등분으로 콧수를 나눈 뒤 양쪽 끝 4군데에서 2단에 1코씩 4번 줄이고, 앞뒤 남은 10코씩만 맞대어 메리야스잇기한다.

4. 뒤꿈치 부분은 반 접어 감침질로 꿰매준다.

5. 양말 입구 가장자리 부분은 코바늘 5/0호를 사용해 되돌아 짧은뜨기 1단을 돌리고 레이스를 달아 완성한다.

코바늘 5/0호를 사용해 테두리 부분에 되돌아 짧은뜨기 1단을 돌린다. 레이스 테이프를 가장자리에 꿰매어 달고, 리본을 묶어 완성한다.

게이지
21코×31단 (10㎠, 메리야스뜨기)

바늘
4mm 막대 바늘 4개, 코바늘 5/0호

부재료
코튼 레이스 테이프 90cm

실
아이보리 트위드 모사 1볼 (50g)

무늬뜨기

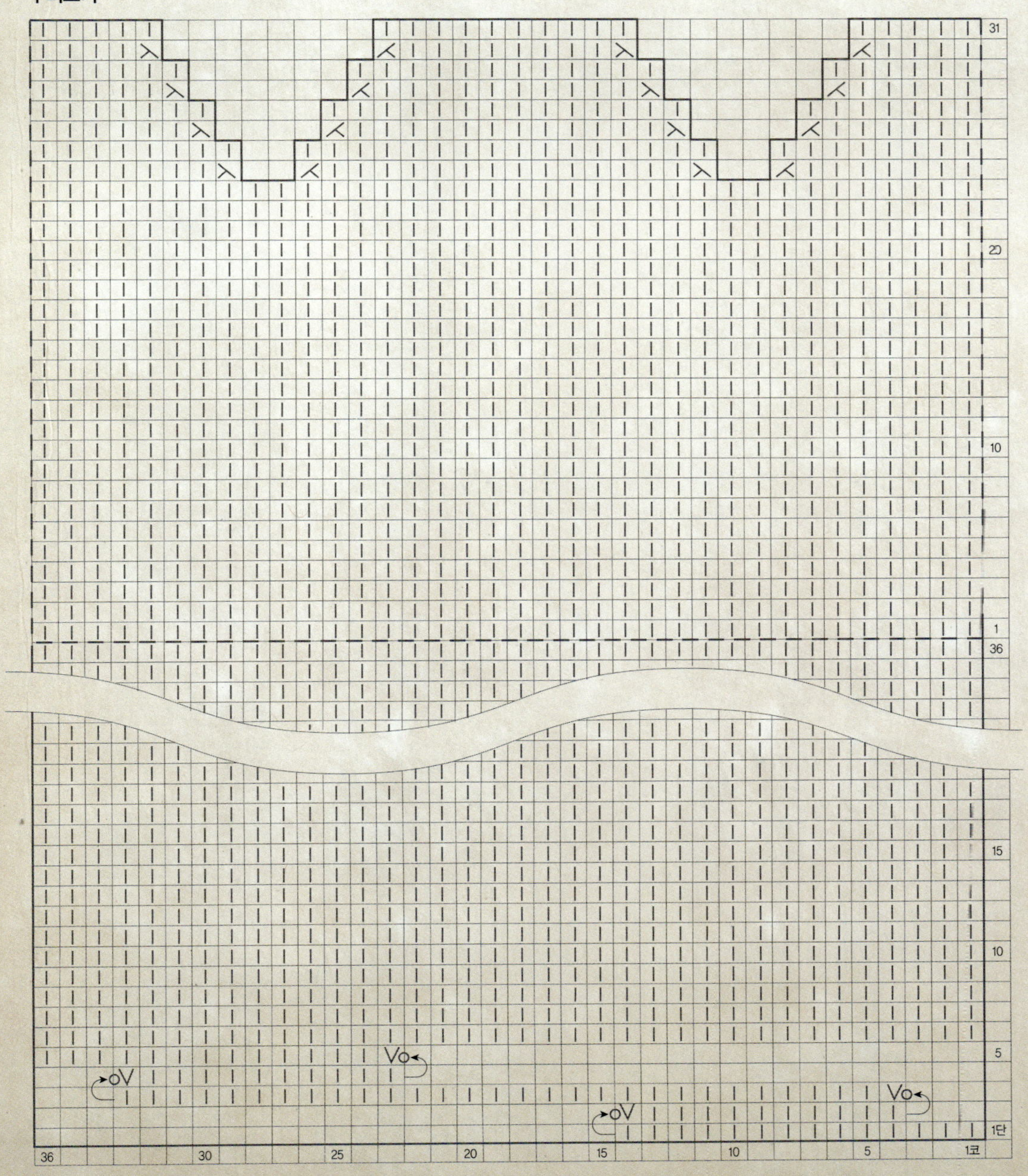

35 베이비 원피스·팬츠·모자 세트

PAGE ······ **94p.**

완성치수
- 가슴둘레 : 56cm (1~2세용)
- 어깨너비 : 26cm
- 원피스 옷길이 : 36cm
- 바지 길이 : 29cm

베이비 원피스

뒤판 뜨기

1 3.5mm 대바늘로 100코 잡아 가터뜨기 4단을 뜨고 이어서 메리야스뜨기 68단을 뜬다.

2 다시 가터뜨기 8단을 뜨는데, 이때 9코를 분산줄임하여 91코로 뜬다.

3 무늬뜨기 46단을 뜨고 뒷목파임은 오른쪽 어깨코 26코를 2단 뜬다.

4 새로 실을 걸어 뒷목 39코를 코막음하고 왼쪽 어깨코 26코도 2단 뜬다.

앞판 뜨기

1 3.5mm 대바늘로 100코 잡아 가터뜨기 4단을 뜨고 이어서 메리야스뜨기 68단을 뜬다.

2 다시 가터뜨기 8단을 뜨는데, 이때 9코를 분산줄임하여 91코로 뜬다.

3 무늬뜨기 26단을 뜨고 앞목파임은 39코를 뜬 다음 되돌려서 2단에 3코를 1번, 2단에 2코를 3번, 2단에 1코를 4번 줄이고 6단을 증감 없이 더 뜬다.

4 새로 실을 걸어 가운데 13코를 코막음하고 오른쪽과 대칭으로 앞목파임을 한다.

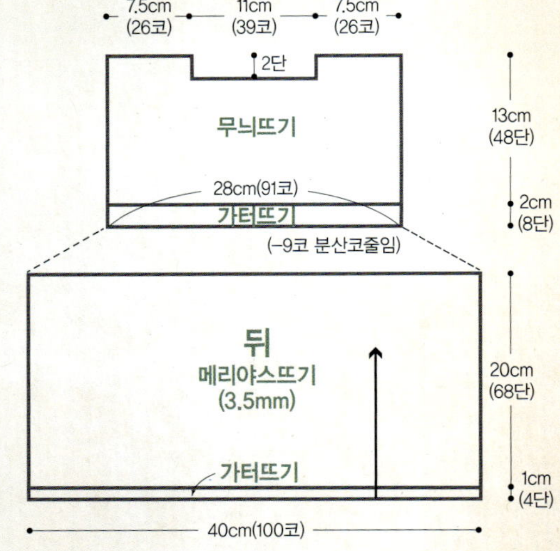

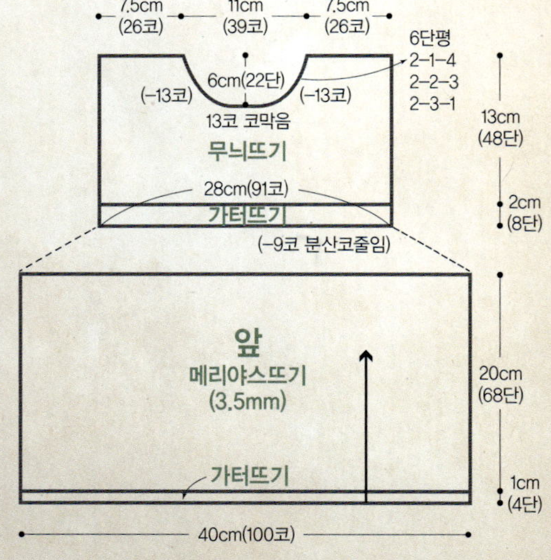

게이지

25코×34단 (10㎠, 메리야스뜨기)

35코×36단 (10㎠, 무늬뜨기)

바늘

3mm, 3.5mm, 코바늘4/0호

실

오렌지 베이비울사 2볼 (100g)

옐로 베이비울사 2볼 (100g)

리본 만들기

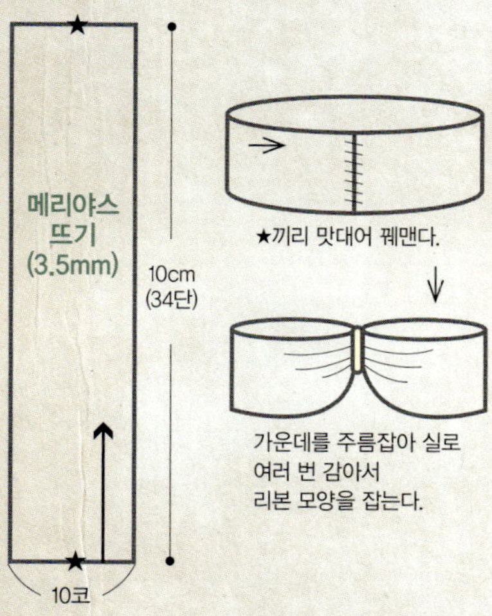

무늬뜨기

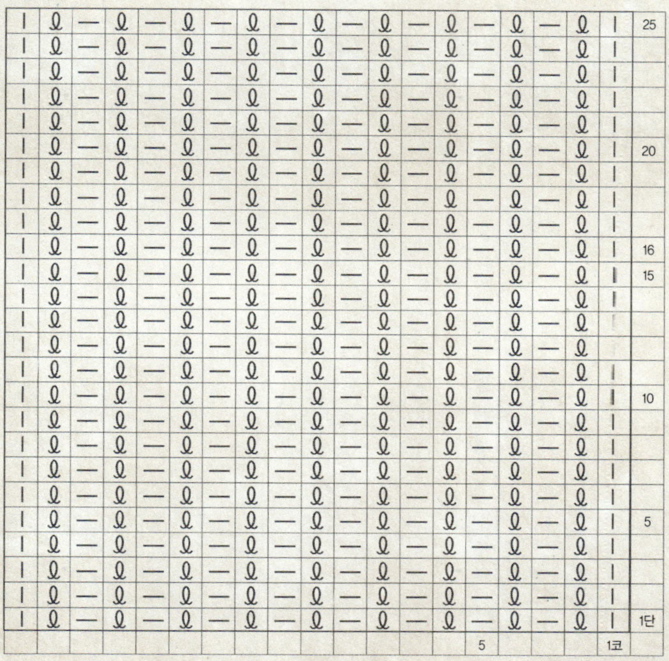

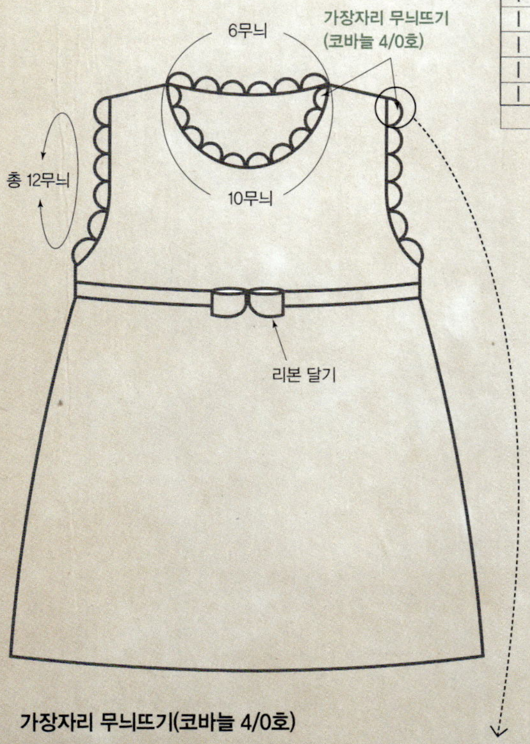

가장자리 무늬뜨기(코바늘 4/0호)

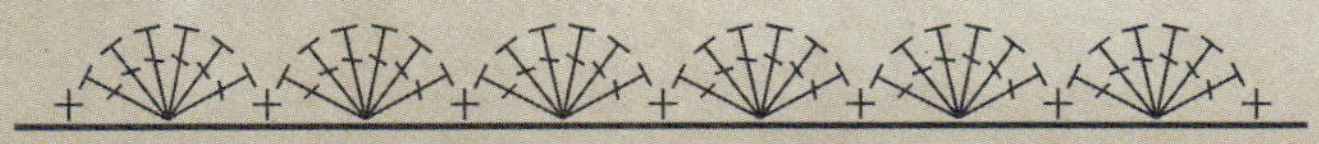

마무리하기

1 앞뒤 몸판을 겉끼리 마주 대고 안쪽에서 덮어씌우기로 어깨를 잇는다.

2 몸판의 옆선을 꿰맨다.

3 목둘레와 진동둘레는 코바늘 4/0호를 사용해서 가장자리 무늬뜨가 1단을 돌린다.

4 리본은 3.5mm 대바늘로 10코를 잡아 메리야스뜨기로 약 10cm(34단) 가량 뜨고 위아래 면을 꿰맨 다음, 가운데를 실로 여러 번 감아 리본을 만들어 달아준다.

팬츠

1 3.5mm 대바늘로 100코 잡아 메리야스뜨기 28단
을 뜬다.

2 가랑이 부분은 뒤쪽은 1단에 4코를 1번, 2단에 3
코 1번, 2단에 2코 2번, 2단에 1코를 1번 줄이고
55단을 증감 없이 뜬다. 동시에 앞쪽은 2단에 3코
를 1번, 2단에 2코 2번, 2단에 1코를 1번 줄이고
56단을 증감 없이 뜬다.

3 3mm 대바늘로 바꿔 10코를 분산줄임하고 16단
을 더 뜬 뒤 코막음한다.

4 좌우 대칭으로 1장을 더 뜬다.

5 편물 2장의 각각의 다리 옆선을 꿰매고 가랑이 부
분은 서로 겉끼리 마주 댄 채 안쪽에서 코바늘로
빼뜨기해 잇는다.

6 다리 부분은 3mm 대바늘로 둘레에서 70코를 주
워 메리야스뜨기 8단을 뜬 다음, 안으로 반 접어
감침질한다.

7 허리 부분은 2cm 정도 안으로 접어 넣고 감침질
하다가 창구멍을 남기고 고무줄을 넣은 뒤 나머지
부분을 꿰맨다.

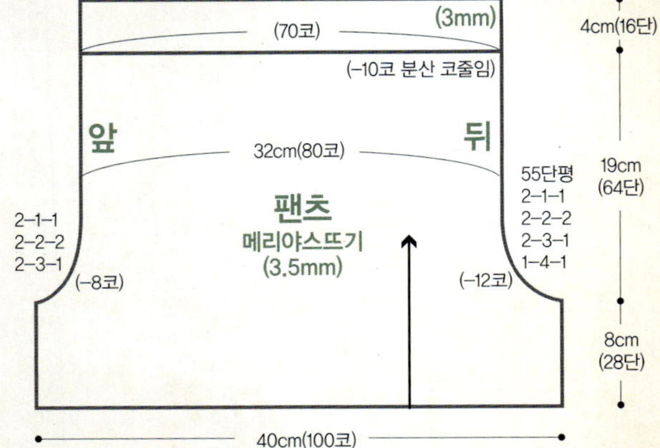

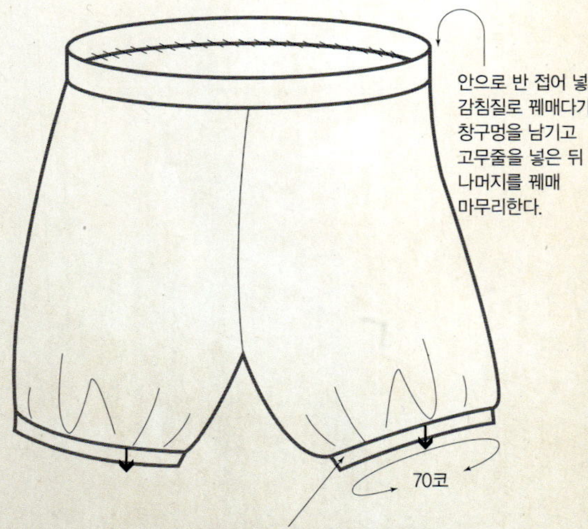

3mm 바늘로 다리 둘레에서 70코를 주워
메리야스뜨기 8단을 뜬 뒤 안으로
반 접어 감침질한다.

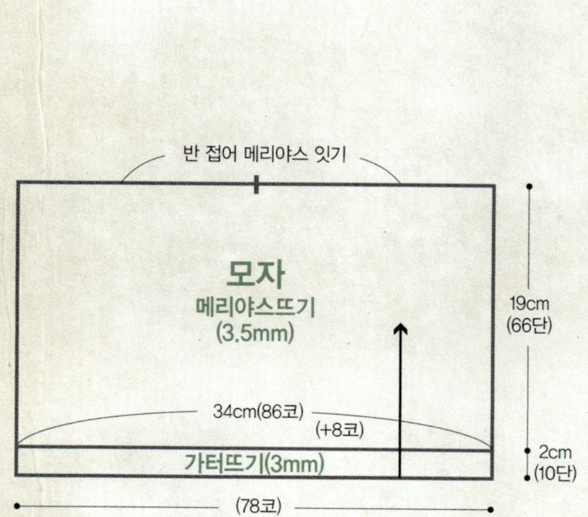

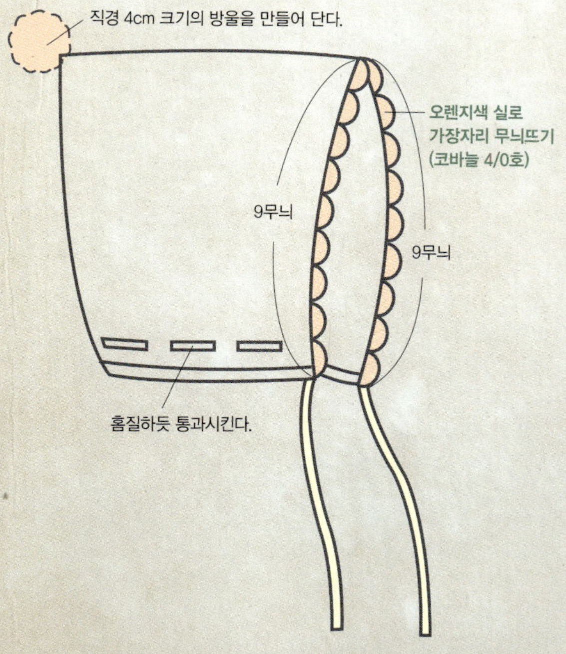

방울 모자

1 3mm 대바늘로 78코를 잡는다. 가터뜨기로 10단
을 뜬다.

2 3.5mm 대바늘로 바꿔 8코를 분산늘림하여 86코
로 만든 뒤 메리야스뜨기 66단을 뜨고 반 접어 메
리야스 잇기한다.

3 모자 테두리 부분은 코바늘 4/0호를 사용해서 가
장자리에 무늬뜨기 1단을 돌린다.

4 끈은 사슬코로 약 60cm 정도 잡아 짧은뜨기 1단
을 떠서 만들고, 이것을 홈질하듯 통과시킨다.

5 직경 4cm 정도 크기의 방울을 만들어 달아 완성
한다.

끈(코바늘 4/0호)

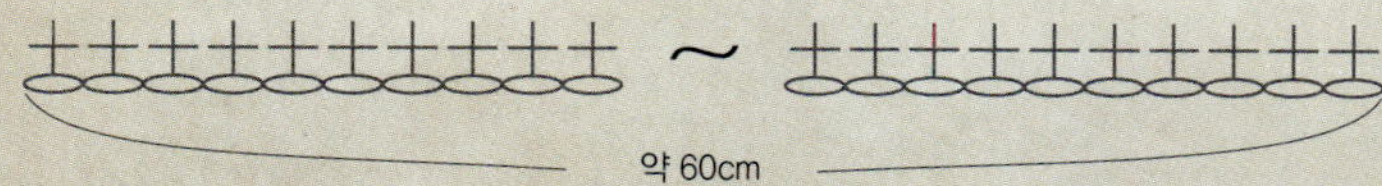

배우 김성녀의
마음을 전하는
선물 손뜨개
• • •

초판 1쇄 발행	2014년 12월 7일
지은이	김성녀
발행인	노영현
총편집인	노승권
projected by	스타일북스 STYLE BOOKS
사업운영단장	김현오
마케팅	임현석, 이현우, 정완교, 소재범, 김도현
경영지원	차동현, 김보연
주소	서울시 중구 무교로 32 효령빌딩 11층
전화	02-728-0252(마케팅)
홈페이지	www.kpibook.co.kr
발행처	(사)한국물가정보
발행등록	1980년 3월 29일

© 김성녀, 2014
ISBN 978-89-6260-612-6 13590

projected by 스타일북스 STYLE BOOKS

편집장 선유정
책임 편집 김윤선

staff

디자인 김현희(YEON) | **사진** 김황직(studio IL)
일러스트 이희직 | **교정교열** 탁소영
스타일링 박선영 | **헤어 & 메이크업** 천혜영 | **모델** 최서연

tel. 02-3789-0268
mail stylebooks11@gmail.com

fin.